U0168725

中国海洋经济发展报告
2021

国家发展和改革委员会　自然资源部　编

海洋出版社
2022年·北京

图书在版编目（CIP）数据

中国海洋经济发展报告. 2021 / 国家发展和改革委员会, 自然资源部编. — 北京 : 海洋出版社, 2022.3
ISBN 978-7-5210-0942-2

Ⅰ. ①中… Ⅱ. ①国… ②自… Ⅲ. ①海洋经济－经济发展－研究报告－中国－2021 Ⅳ. ①P74

中国版本图书馆CIP数据核字(2022)第047858号

责任编辑：高朝君
责任印制：安　森

海洋出版社 出版发行
http://www.oceanpress.com.cn
北京市海淀区大慧寺路 8 号　邮编：100081
北京顶佳世纪印刷有限公司印刷
2022年3月第1版　2022年3月北京第1次印刷
开本：787 mm × 1092 mm　1 / 16　印张：6.75
字数：77千字　定价：68.00元

发行部：010-62100090　邮购部：010-62100072
总编室：010-62100034　编辑室：010-62100038

前　言

2020年是中华人民共和国历史上极不平凡的一年，面对突如其来的新冠肺炎疫情和严峻复杂的国际环境，国务院有关部门和沿海地方各级人民政府以习近平新时代中国特色社会主义思想为指导，全面贯彻党的十九大和十九届二中、三中、四中、五中全会精神，深入落实习近平总书记关于发展海洋经济、建设海洋强国的重要指示精神，加快落实区域发展战略，积极应对新冠肺炎疫情影响和国际环境变化，扎实做好“六稳”工作，全面落实“六保”任务，海洋经济发展逐季恢复，海洋产业结构持续优化，海洋经济发展显现强大韧性，高质量发展态势强劲。

为全面反映我国海洋经济发展情况，国家发展改革委、自然资源部共同组织编写了《中国海洋经济发展报告2021》（以下简称《报告》）。《报告》回顾了“十三五”时期我国海洋经济发展的主要成就，概述了2020年我国海洋经济发展的总体情况；归纳了海洋渔业、船舶与海洋工程装备制造、海水淡化与综合利用业、海洋清洁能源利用、海洋药物和生物制品业、海洋交通运输业等产业发展亮点；分析了海洋经济发展试点示范和金融支持海洋经济情况；介绍了沿海省（自治区、直辖市）2020年海洋经济发展主要成效和措施。

《报告》中沿海地区海洋经济发展情况，分别由11个沿海省（自治区、直辖市）的发展和改革部门、自然资源管理部门和海洋行政管理部门提供素材。

同时，《报告》在编写的过程中得到了国务院有关部门的大力支持，在此一并表示感谢。

编　者

2021年12月

目　录

第一章

我国海洋经济发展情况

第一节　“十三五”时期我国海洋经济发展成就

发达的海洋经济是建设海洋强国的重要支撑。面对错综复杂的国际国内形势，聚焦高质量发展要求，在“中央＋地方”“综合＋专项”的涉海规划政策体系指导协调下，2016—2019年，我国海洋经济年均增速为5.1%①；2020年，我国海洋经济受新冠肺炎疫情的冲击出现负增长，但纵观“十三五”时期，我国海洋经济总体保持平稳发展，重点领域取得显著成效，已成为国民经济强有力的增长点。

1. 海洋经济发展布局持续优化

在京津冀协同发展、长江经济带发展、粤港澳大湾区建设、长三角一体化发展等区域重大战略的引领下，我国三大海洋经济圈发展特色进一步显现。北部海洋经济圈新旧动能转换提速，东部海洋经济圈一体化步伐加快，南部海洋经济圈集聚带动力明显提升。山东、浙江、广东、福建及天津等省（直辖市）全国海洋经济发展试点工作不断深化，辐射带动作用持续增强。全国海洋经济发展示范区、海洋经济创新发展示范城市及海洋产业集聚区等引领作用逐步显现，浙江舟山群岛、广州南沙和青岛西海岸等国家级新区海洋特色更加突出。

2. 海洋产业向中高端迈进

船舶与海洋工程装备高端化、智能化水平进一步提升。我国成功

① 《报告》中部分数据合计数或相对数由于四舍五入或单位取舍不同而产生的计算误差，均未做机械调整。

研发建造了具有国际先进水平的第七代超深水钻井平台，大型液化天然气（LNG）船、超大型集装箱船等高技术船舶实现批量建造。海运船队运力规模位居世界前列，智慧港口、绿色港口建设迈出新步伐。海洋工程建筑技术水平全球领先，港珠澳大桥建设创多项世界纪录。海洋新兴产业不断壮大，增加值年均增速达 11.2%。海上风电新增并网装机容量占全球新增容量的 34.3%。到“十三五”末期，海水淡化日产能力达 165 万吨,较“十二五”末期增长 64%。海洋渔业向多元化、生态化和深远海方向发展，现代化海洋牧场综合试点有序推进。航运服务、邮轮游艇和海洋金融等现代海洋服务业稳步增长。

3. 海洋科技创新步伐加快

以“蛟龙”号、“深海勇士”号、“奋斗者”号和“海斗”号等深潜器为代表的海洋探测运载作业技术实现质的飞跃，核心部件国产化率大幅提升。自主建造的具有世界先进水平的“雪龙 2”号破冰船，填补了我国在极地科考重大装备领域的空白。自主设计建造的 3000 吨级专业浮标作业船投入使用。完成我国首次环球海洋综合考察并取得多项突破性成果。天然气水合物实现从探索性试采向试验性试采的重大跨越。海洋糖类药物研发已进入国际领先行列，建成全球规模最大的海洋微生物资源保藏库。

4. 海洋生态文明建设成效显著

海洋生态保护修复成效显著，“蓝色海湾”整治行动、海岸带保护修复等重大工程取得实效。“十三五”时期，累计整治修复海岸线 1 200 千米、滨海湿地 2.3 万公顷。海洋生态安全屏障进一步巩固，截至“十三五”末期，全国已有海洋自然保护地 145 个，总面积 790.98 万公顷。海洋环境质量整体持续向好，“十三五”末期，近岸海域优良水质面积比例达 77.4%。渤海综合治理攻坚战取得阶段性成效，优良水质面积比例达 82.3%。海洋防灾减灾能力不断提升，各类海洋灾害造成的直接经济损失比“十二五”时期减少 302 亿元。绿色安全放心海产品供应得到了更好的保障，亲海亲水空间更加广阔，海洋生态环境给人民群众的生活带来了更多的获得感和幸福感。

5. 海洋领域开放合作不断拓展

“十三五”以来，务实推进海上丝绸之路建设，积极发展蓝色伙伴关系，全面推进海洋命运共同体构建，连续五年举办中国海洋经济博览会、厦门国际海洋周、东亚海洋合作平台青岛论坛及各类国际海洋专业会展，拓展完善同周边国家的海上合作对话机制，为海洋领域对外交流与合作搭建重要平台。积极参与全球海洋治理，加强与联合国相关机构和国际组织的合作。亚马尔 LNG 等北极合作项目顺利实施。海南自由贸易港加快建设。积极开展海外业务合作，巴基斯坦瓜达尔港和自由贸易区、斯里兰卡科伦坡港等项目稳步推进，阿曼海水淡化联产提溴等多个海洋产业合作项目逐步推动落实。

第二节　2020 年我国海洋经济发展情况

2020 年，面对突如其来的新冠肺炎疫情和严峻复杂的国际环境，我国海洋经济表现出强大的韧性，呈现总量收缩、结构优化的发展态势。经初步核算，全年实现海洋生产总值 80 010 亿元，同比下降 5.3%。其中，海洋三次产业分别占海洋生产总值的 4.9%、33.4%和 61.7%，与上年相比，海洋第一产业和海洋第二产业比重有所增加，海洋第三产业比重有所下降。

我国主要海洋产业稳步恢复，全年实现增加值 29 641 亿元。除滨海旅游业受新冠肺炎疫情影响和海洋盐业受结构调整影响外，其他海洋产业均实现正增长。

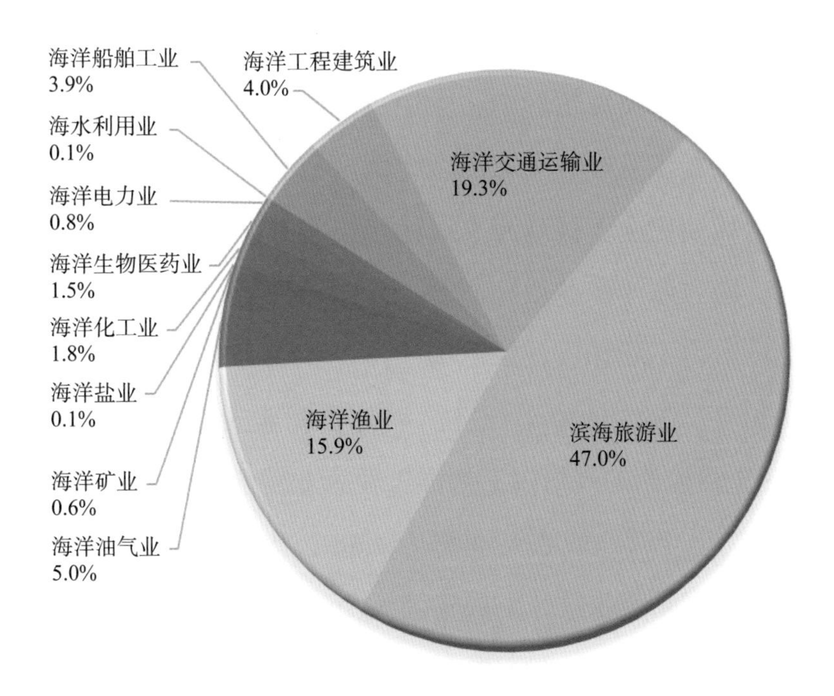

图 1-1　2020 年我国主要海洋产业增加值构成

1. 海洋产业快速恢复，海洋经济发展好于预期

滨海旅游业受新冠肺炎疫情冲击最严重，旅游景区关停，游客锐减，产业增加值与上年相比下降了 24.5 个百分点。但随着各项防控措施的完善和稳增长政策的实施，第三季度散客出游数量开始触底回升，全年海洋客运量比前三季度同比降幅收窄 6.6 个百分点。除滨海旅游业外，海洋油气业、海洋渔业、海洋交通运输业、海洋工程建筑业和海洋船舶工业等海洋产业快速复苏，产业增加值实现正增长，增速分别为 7.2%、3.1%、2.2%、1.5% 和 0.9%。

2. 政策助力企业效益恢复，保市场主体取得实效

为应对新冠肺炎疫情影响，党中央、国务院及时加大宏观政策应对力度，有序复工复产，大力助企纾困。有关部门和沿海地方政府出台了缓缴海域使用金、提高海水淡化水供水补贴和用电优惠等一系列政策措施，助力海洋产业企稳回升，海洋经济活动单位经营效益逐步恢复，市场活力不断释放，保市场主体任务取得实效。调查监测结果显示，2020 年，76% 的海洋经济活动单位就业人数比 2019 年年底增长或持平；重点监测的规模以上海洋工业企业营业收入、利润降幅连续 7 个月收窄，全年营业收入利润率为 4.6%，比前三季度增加 0.3 个百分点，全年每百元营业收入中成本为 83 元，比前三季度下降 0.8 个百分点；重点监测行业中新登记海洋经济活动单位同比下降 15.6%，降幅连续 9 个月收窄。

3. 海洋能源供应逆势增长，海洋公益服务进一步加强

海洋能源供给保障能力持续增强。全年海洋原油产量 5 164 万吨，同比增长 5.1%；海洋天然气产量 186 亿立方米，同比增长 14.5%。海洋清洁能源产业发展势头强劲，全国海上风电新增装机容量 306 万千瓦，同比增长 54.5%，新增装机容量连续三年保持世界第一位，截至 2020 年，海上风电累计装机容量达到 999.6 万千瓦，跃升至世界第二位；LHD 海洋潮流能发电项目实现连续并网发电 46 个月，累计并网发电量超过 200 万千瓦时。同时，民生保障作用持续发挥，2020 年新增国家级海洋牧场示范区 26 个，累计达 136 个；海产品供应量持续增加，2020 年达 3 314 万吨。海洋公益服务能力显著提升，2020 年共发布海洋灾害预警 230 次，其中风暴潮预警 61 次，海浪预警 169 次。

4. 海洋装备制造能力显著增强，海洋产业链、供应链持续优化

我国持续推进海洋科技创新，海洋装备制造技术水平明显提升，有效地提高了海洋产业链和供应链的现代化水平。海洋船舶研发建造向高端化发展，17.4 万立方米液化天然气船、9.3 万立方米全冷式超大型液化石油气船（VLGC）等实现批量接单；2.3 万标准箱（TEU）双燃料动力超大型集装箱船、节能环保 30 万吨超大型原油船（VLCC）、1.86 万立方米液化天然气加注船、大型豪华客滚船“中华复兴”号等顺利交付。深海技术装备研发实现重大突破，我国首艘万米级载人潜水器“奋斗者”号完成总装，并在马里亚纳海沟成功坐

底，刷新中国载人深潜新纪录。海上风电机组研发向“大兆瓦”方向发展。具有自主知识产权的 8 ～ 10 MW 等级的超大容量海上风电机组安装成功。

5. 数字经济赋能海洋产业转型升级，新业态新模式不断涌现

数字经济在带动海洋经济复苏方面发挥了积极作用。数字渔业赋能产业振兴，运用“北斗 + 互联网 + 渔业”的一站式渔业综合服务平台，覆盖了 41 个渔港。能源综合利用助力渔业养殖，采用“光伏 + 风力”发电相融合的 5G 海洋牧场平台在烟台交付。基于区块链的全球航运服务网络建设有序推进，进口集装箱区块链电子放货平台上线试运行，进口集装箱港航单证实现电子化办理。海洋船舶实现在线交易常态化，利用“云洽谈”“云签约”“云交付”等模式，在保交船、稳订单方面成效显著。海上风力发电场向智能化方向发展，国内首个智慧化海上风力发电场在江苏实现并网运行。

6. 海洋对外贸易总体向好，海运贸易逆势而上

我国海洋对外贸易在新冠肺炎疫情和逆全球化浪潮挑战下逐季向好，与“21 世纪海上丝绸之路”沿线国家的经贸合作不断深入。海运贸易逆势而上，受我国经济迅速重启的支撑，海运进口表现强劲，干散货、铁矿石、原油以及液化天然气进口量大幅增长；海运出口量逐季改善，第四季度实现正增长。

第三节　2020 年我国海洋经济有关政策措施制定实施情况

1. 各项利好政策持续发力

2020 年 6 月，《海南自由贸易港建设总体方案》印发，支持海南逐步探索、稳步推进中国特色自由贸易港建设。同月，《关于推进海事服务粤港澳大湾区发展的意见》印发，促进粤港澳大湾区水上交通安全协同治理，更好地服务粤港澳大湾区互联互通。10 月，《关于 < 关于促进非水可再生能源发电健康发展的若干意见 > 有关事项的补充通知》印发，明确了海上风电全生命周期合理利用小时数及补贴标准。12 月，《关于海南自由贸易港交通工具及游艇“零关税”政策的通知》发布，明确海南自由贸易港“零关税”交通工具及游艇清单。

2. 海域海岛保护与管理全面展开

坚持集约节约，积极支持国家重大项目用海用岛。加快围填海历史遗留问题处置，研究“未批已填”和“已批未填”两类围填海历史遗留问题处置政策。建立健全海域海岛监管工作机制，及时发现、制止并移交查处涉嫌违法用海用岛活动。组织完成江苏养殖用海调查试点，启动全国养殖用海调查，扎实推进新一轮全国海岸线修测工作，开展海域使用论证报告质量检查，强化了海域海岛管理工作基础。

3. 海洋生态保护修复工作稳步推进

国土空间规划体系顶层设计和总体框架基本形成，海洋资源的合理利用和生态空间严格管控稳步推进。将陆地、海洋具有特殊重要生态功能、需强制严格保护的区域划入生态保护红线范围。生态保护修复重点专项行动和工程成效明显，持续开展“蓝色海湾”整治行动、海岸带保护修复工程、渤海综合治理攻坚战行动计划、红树林保护修复专项行动等。为推进海岸带保护修复工程建设，2020 年 2 月，《海岸带保护修复工程工作方案》印发；8 月，《红树林保护修复专项行动计划（2020—2025 年）》印发，提出计划营造和修复红树林 18 800 公顷。2020 年，通过中央财政转移支付资金支持沿海城市 8 个“蓝色海湾”整治行动项目。

4. 海洋经济监测评估能力不断增强

扎实推进海洋经济统计核算工作，印发实施《2020 年海洋经济运行监测与评估主要任务及分工》《海洋经济统计调查制度》《海洋生产总值核算制度》等。修订《海洋及相关产业分类》国家标准并报国家标准化管理委员会审批。持续开展海洋经济分析评估工作，发布《2019 年中国海洋经济统计公报》、“国证蓝色 100 指数”。

第二章 主要海洋产业发展情况

第一节　海洋渔业

1. 政策措施助力海洋渔业稳产复工

沿海各级政府从海洋渔业生产、流通、分配、消费等方面出发，通过抓好海水养殖与海洋捕捞生产、加强渔船管控和船员防疫、提高养殖证和养殖海域申请审批效率、做好渔业生产物资保障、提前落实渔业互助保险和收储补贴、支持水产品电子商务发展、开通水产品绿色通道等措施的制定与落实，尽力降低新冠肺炎疫情对海洋渔业的影响，稳定渔业生产。同时，国家有关部门和沿海地方政府出台多项政策鼓励和引导海洋渔业提质增效，如农业农村部印发《农业农村部办公厅关于实施2020年水产绿色健康养殖“五大行动”的通知》《农业农村部关于加强公海鱿鱼资源养护促进我国远洋渔业可持续发展的通知》。山东、福建及江苏等省相继印发了促进海洋渔业高质量发展的意见和规划，为海洋渔业转型升级提供了基本遵循。

2. 新技术拓展海水养殖空间

2020年，我国在深远海养殖平台和大型养殖工船领域开展了许多有益探索和实践，新技术的蓬勃发展为我国持续增强海水养殖能力、拓展深远海养殖空间提供了坚实基础。大型现代化海洋牧场综合体“耕海1号”在山东烟台试运营，实现休闲渔业产业深度融合发展。全球首艘10万吨级智慧渔业大型养殖工船中间试验船“国信101”号正式交付，开展大黄鱼、大西洋鲑（俗称“三文鱼”）等主养品种深远海工船养殖中试试验，为提高我国海水产品供给提供有力支撑。

3. 远洋渔业受到新冠肺炎疫情严重冲击

受进口海水产品接触物或外包装上多次检出新型冠状病毒的影响，大量海水产品封存或销毁，部分地区冷链企业遭受重创。同时，远洋渔业的靠港、卸货、补给、船员轮换和渔船维修等活动受到新冠肺炎疫情影响，导致远洋渔业成本增加，行业利润下滑。

专栏1　近海捕捞强度控制和渔船装备建设取得显著成效

“十三五”时期，我国累计投入120余亿元大力推进海洋捕捞渔民减船转产和渔船更新改造，目前各项工作任务已经顺利完成。统计显示，“十三五”时期，全国累计压减近海捕捞渔船总数超过4.5万艘，压减总功率超过208万千瓦，超额完成了2万艘、150万千瓦的压减任务。全国共有超过1.6万艘近海捕捞渔船进行了更新改造，渔船总体结构和安全环保水平也有了明显优化提升。与“十二五”末期相比，“十三五”末期我国近海资源友好型的钓具类作业渔船占比增加逾145%，选择性较差的拖网类作业渔船占比降低近10%；安全环保性能好的钢质、玻璃钢质渔船总数占比由32.6%增至52.6%，传统木质渔船占比由67.5%降为46.4%；船龄10年以内的渔船占比由11.7%增至33.7%，老旧渔船占比由67.7%降为40.6%。

专栏2 首次实施公海自主休渔

我国于2020年首次试行开展公海自主休渔。所有在西南大西洋、东太平洋公海休渔区作业的鱿鱼生产船，在三个月休渔期间均需停止作业，共涉及远洋渔业企业60多家，远洋渔船600多艘。在各地农业农村部门、行业协会和远洋渔业企业的共同努力下，通过加强宣传落实、强化监测监管，休渔措施得到切实有效的执行。除少数因特殊情况需穿行休渔区外，未发生任何违规捕捞行为。此次自主休渔，是我国积极主动履行养护国际公海渔业资源勤勉义务的重大举措，彰显了我国深入践行“海洋命运共同体”理念、促进全球海洋渔业长期可持续发展的坚定决心，展现了我负责任渔业大国的良好形象。

专栏3 海洋渔业资源保护修复效果显著

截至2020年年底，国内海洋捕捞产量减少至947万吨，符合“十三五”海洋渔业资源总量控制目标；沿海11个省（自治区、直辖市）均开展限额捕捞管理试点工作，为探索中国特色的渔业资源管理制度奠定了基础。同时，积极组织开展增殖放流活动，“十三五”时期，累计开展“放鱼日”等增殖放流活动1万余次，放流水生生物苗种超过1 500亿尾，圆满完成国务院《中国水生生物资源养护行动纲要》确定的增殖放流中期目标，其中2020年增殖放流海洋物种325.6亿尾；积极组织开展国家级海洋牧场示范区创建活动，扎实推进山东省现代化海洋牧场建设综合试点，至2020年共公布了六批136个国家级海洋牧场示范区，其中2020年公布国家级海洋牧场示范区26个，在修复渔业资源、促进渔业增效、渔民增收方面效果显著，取得了良好的经济、生态和社会效益。

第二节　船舶与海洋工程装备制造

1. 海洋船舶工业总体生产经营好于预期

受世界经济下滑预期影响，国际造船市场处于低位，市场需求严重不足，船舶出口萎缩。2020 年全年，我国船舶出口金额 217 亿美元，同比下降 11.3%，出口产品以散货船、油船和集装箱船为主。国内造船企业利用信息技术手段和“5G+AR”等新技术，使生产秩序基本恢复正常，生产经营情况好于预期。同时，造船企业积极开拓新市场，全年新承接海船订单 969 万修正总吨，同比增长 12.2%。我国造船三大指标国际市场份额仍保持世界领先，龙头企业竞争能力进一步提升，分别有 5 家、6 家和 6 家企业进入世界造船完工量、新接订单量和手持订单量前十强。

2. 新型海洋工程装备表现亮眼

2020 年，我国承接各类海洋工程装备 25 艘（座），占全球市场份额的 35.5%。海工企业不断探索新领域，成功交付 10 万吨级深水半潜式生产储油平台“深海一号”、中深水半潜式钻井平台“深蓝探索”号，积极承接风电安装船、海上风电场运行维护船、海上升压站建造等项目，开工建造 10 万吨级智慧渔业大型养殖工船，交付全球最大的深远海网箱式养殖平台、全球首制舷侧开孔式养殖工船、国内首座智能化海珍品养殖网箱等装备。

3. 科技研发支撑转型升级

2020 年，我国高技术船舶研发和建造取得新的突破。承接了全球最大的 2.4 万标准箱集装箱船的建造，17.4 万立方米液化天然气船、19 万吨双燃料散货船、9.3 万立方米全冷式超大型液化石油气船等实现批量接单；2.3 万标准箱双燃料动力超大型集装箱船、节能环保 30 万吨超大型原油船、1.86 万立方米液化天然气加注船、大型豪华客滚船“中华复兴”号等顺利交付。

专栏 1 我国首制大型邮轮建造项目

2018 年 11 月，中国船舶工业集团有限公司与美国嘉年华集团、意大利芬坎蒂尼集团签署了 2+4 艘 13.5 万总吨 Vista 级大型邮轮建造合同。2019 年 10 月，首制船正式开工，进入实质性建造阶段。该船总长 323.6 米，型宽 37.2 米，最大航速 22.6 海里 / 小时，拥有高达 16 层的上层建筑生活娱乐区域，配有客房 2 125 间，最多可容纳 5 246 人。2020 年 11 月，该船按期转入坞内连续搭载总装，标志着我国首制大型邮轮进入整船建造的快车道。

专栏 2 2.3 万标准箱双燃料动力超大型集装箱船研制项目

2017 年，法国达飞集团在中国船舶工业集团有限公司订造了 9 艘 2.3 万标准箱双燃料动力超大型集装箱船。2020 年 9 月，沪东中华造船（集团）有限公司建造的首制船交付命名，成为全球首艘 2.3 万标准箱双燃料动力集装箱船。2020 年 10 月，2 号船在江南造船有限责任公司完工交付。该批集装箱船由中国船舶工业集团有限公司第七〇八研究所设计，拥有完全自主知识产权，采用全球最大功率双燃料发动机 WinGD X92DF，满足全球最严格排放标准，可有效减少二氧化碳、氮氧化物和硫氧化物排放。

专栏 3　全球最大船型深远海网箱式养殖平台建造项目

2020 年 3 月，烟台中集来福士海洋工程有限公司（以下简称“中集来福士”）建造的全球最大最先进深远海网箱式养殖平台“JOSTEIN ALBERT”正式命名交付。该平台由挪威 Nordlaks 公司进行概念设计，中集来福士进行基础设计、详细设计和总装建造，全长 385 米，型宽 59.5 米，由 6 座深水智能网箱组成，养殖规模可达 1 万吨，约合 200 万尾三文鱼，是全球首座通过单点系泊系统进行固定的养殖装备。其建成交付对我国深远海渔业养殖装备发展和水产养殖产业转型升级具有重要借鉴意义。

第三节　海水淡化与综合利用业

1. 工程项目助推海水淡化与综合利用业蓬勃发展

据初步核算，2020 年，海水淡化与综合利用业实现增加值 19 亿元，同比增长 3.3%。新建成首钢京唐钢铁联合有限公司二期 1 万吨 / 日、山东南山铝业股份有限公司 3.3 万吨 / 日等海水淡化工程 14 个，新增工程规模 64 850 吨 / 日。截至 2020 年年底，全国海水淡化工程规模达到 165 万吨 / 日，单体最大工程规模为 20 万吨 / 日，最大自主低温多效和反渗透海水淡化单机规模分别达到 3.5 万吨 / 日和 2 万吨 / 日。2020 年，沿海核电、火电、钢铁和石化等行业海水冷却用水量稳步增长，全年海水冷却用水量 1 698.14 亿吨，比上年增加了 212.01 亿吨。

2. 利好政策促进海水淡化与综合利用业持续发展

国家发展改革委等多部门联合出台了《关于营造更好发展环境支持民营节能环保企业健康发展的实施意见》，鼓励引导民营企业参与海水（苦咸水）淡化及综合利用等节能环保重大工程建设。天津、山东、江苏等沿海省（直辖市）通过出台供水补贴、制定产业发展意见以及用电优惠等政策，鼓励促进当地海水淡化与综合利用业发展。

3. 科技进步助力海水淡化与综合利用业高质量发展

2020 年，多项海水利用技术装备研制及产业化项目成功立项或通过技术鉴定。国家发展改革委生态文明建设专项 2020 年中央基建投资项目“海水淡化能量回收及高压泵产品定型及产业化项目”、工业和信息化部高技术船舶专项项目“温差能开发与深层海水综合利用平台技术研究”、科技部“科技助力经济 2020”重点专项项目“便携式反渗透应急净水装置系列化研发与应用示范”和“海水淡化水处理药剂绿色生产技术与应用”等项目获批。国家能源集团“海水淡化用高效蒸汽热压缩器（TVC）优化设计与工程应用”项目通过中国电机工程学会技术鉴定，攻克了海水淡化用 TVC 的核心设计技术，增强了我国海水淡化装备的整体竞争力。

专栏 1 海水淡化与综合利用公共服务平台

海水淡化与综合利用公共服务平台包括自然资源部天津临港海水淡化与综合利用示范基地和国家海水及苦咸水利用产品质量检验检测中心仪器设备共享服务平台。自然资源部天津临港海水淡化与综合利用示范基地一期7万平方米中试实验区已竣工验收，投入使用后可提供热法/膜法海水淡化关键技术和工艺研发、核心材料部件开发、工程设计、装备智能制造、产品检验检测、中试及标准化验证、人员培训等全流程技术服务。国家海水及苦咸水利用产品质量检验检测中心是行业内唯一的国家Ⅰ级海水利用产品质检机构，具有国家级计量认证（CMA）、实验室认可（CNAS）资质，检测范围覆盖42种海水利用产品380个检测项目（参数），2020年为186家企业提供检测服务572次。仪器设备共享服务平台拥有500余台（套）10万元以上的仪器设备，2020年向80余家单位提供仪器共享服务1.96万小时。

专栏 2 青岛水务集团有限公司百发海水淡化工程

为充分发挥海水淡化水在青岛城市供水中的作用，青岛水务集团有限公司完成对青岛百发海水淡化有限公司的收购，并实现了生活用水和工业用水的分质分类供应。青岛百发海水淡化有限公司自2015年起向自来水原水中输送淡化水，2016年起向中国石化青岛石油化工有限公司、华电青岛发电有限公司直供海水淡化水，非供热季每日供水达到1.2万吨左右，供热季每日供水达到2.2万吨左右。2016—2019

年，青岛百发海水淡化有限公司供水量分别为 760 万吨、1 400 万吨、2 105 万吨、2 126 万吨，2020 年供水量达到 2 340 万吨，夏季高峰供水期达到满负荷运行。青岛百发海水淡化有限公司已成为青岛市供水调峰调压的主要支撑。

专栏 3　浙江舟山绿色石化基地一期海水淡化工程

为保障舟山绿色石化基地的用水需求，完善舟山本岛周边临港工业岛的供水结构，舟山绿色石化基地规划建设海水淡化工程，选用热法和膜法相结合的方式，设计总规模为 18 万吨 / 日。2019 年，一期 10.5 万吨 / 日（热法）和 7.5 万吨 / 日（膜法）海水淡化项目相继投产，为中国石化浙江石油分公司 4 000 万吨炼油化工一体化及相关项目提供工业用水，2020 年供水量达到 6 323 万吨，为打造大型、综合、现代化的绿色石化产业基地提供了水资源保障。

第四节　海洋清洁能源利用

1. 海洋清洁能源规模化示范项目稳步推进

2020 年，我国海上风电新增并网装机容量约 306 万千瓦，占当年全球新增并网装机容量的 50.5%；截至 2020 年年底，我国海上风电累计装机容量约 900 万千瓦，同比增长 51.6%，约占全球风电累计装机容量的 28.1%。2020 年，潮汐能年发电量约为 688 万千瓦时，历史累计发电量已超过 2.3 亿千瓦时。潮流能新增装机容量 450 千瓦，截至 2020 年年底，浙江 LHD 潮流能项目连续运行时间超过 40 个月，累计并网发电超过 200 万千瓦时。

2. 海洋清洁能源利用环境不断优化

2020 年 3 月，国家发展改革委、司法部印发《关于加快建立绿色生产和消费法规政策体系的意见》，提出研究制定海洋能等新能源发展的标准规范和支持政策。同月，国家能源局印发《国家能源局关于 2020 年风电、光伏发电项目建设有关事项的通知》，在附件 1《2020 年风电项目建设方案》中提出“稳妥推进海上风电项目建设”，“对规划为储备场址的，可做好开发论证，落实建设条件，做好在‘十四五’期间有序开发建设的前期准备工作”。10 月，《中共中央关于制定国民经济和社会发展第十四个五年规划和二〇三五年远景目标的建议》发布，指出将加快壮大新能源、新材料、绿色环保和海洋装备等产业。截至 2020 年，我国已发布海洋可再生能源相关标准近 30 项，初步构建了海洋能开发利用标准体系。海洋清洁能源利用从业人员队伍迅速壮大，覆盖技术研发、装备制造、工程建设、电力生产、运行维护、测试服务等多个领域。同时，企业参与热情高涨，自主创新及成果转化能力不断增强，海洋清洁能源经济价值和社会关注度显著提高。

专栏 海洋能公共服务平台

目前，我国启动建设了威海、舟山、万山三个海洋能试验场区和室内试验测试平台。2020年，威海试验场区测试服务能力不断提升，加装了雷达与视频联动监视系统，增设了场区警示浮标；在舟山、万山试验场区研发了模块化、方便运输、适应海岛环境的海洋能发电装置移动测试系统。但受新冠肺炎疫情影响，海洋能发电装备试验测试服务量有所下降，在威海试验场区完成1项低流速水平轴潮流能发电装置试验服务，“国海试1号”累计进行海洋观测装备、海洋能发电装备试验超200天；舟山、万山试验场区截至2020年年底累计完成8台潮流能和3台波浪能发电装置的实海况测试与评价服务，出具第三方测试与评价报告20份，对海洋能项目验收和发电装置优化改进发挥了重要作用；室内试验测试平台完成1台潮流能和1台波浪能模型装置试验，截至2020年累计完成十余项海洋能发电装置室内试验服务。

第五节　海洋药物和生物制品业

1. 技术创新取得新突破

2020年，我国进一步加大海洋药物和生物制品领域的研发力度。抗结肠癌药物BG136的临床试验申请获得国家药品监督管理局受理。从海洋真菌中提取的具有抗肿瘤活性的全新化合物DAM对治疗乳腺癌具有良好功效，该药物临床试验已申报美国新药临床申请并获得 IND 号。源于海参的抗凝一类新药 LFG，具有药效更好，副作用更低的全新结构、全新靶点的优势特点，该新药已申报美国新药临床申请并获得 IND 号。青岛启动了“2020 年抗病毒海洋药物研究专项”，构建了靶点模型，加速了抗病毒药物筛选进程。

2. 产学研用结合更加紧密

药企“加盟”海洋药物研发，打通海洋新药成果转化“最后一公里”。企业与高校共同签署创新抗肿瘤海洋药物 HD-18 的合作研发协议，产学研一体化融合进一步加强。产业联盟构筑海洋药物和生物制品业发展生态圈。青岛组建“海洋生物产业联盟”，打造优势互补、协同推进的良好局面。

专栏　海洋生物产业化中试技术研发公共服务平台

海洋生物产业化中试技术研发公共服务平台是由自然资源部第三海洋研究所建设、运营和管理的专业化生物产业技术服务平台，于 2017 年 7 月建成并正式投入使用。目前，该平台已建成 3 000 平方米高标准的研发场所，配备较为齐全的各类中试设备和一支近 50 人规模的专业化技术服务团队。平台重点面向海洋药物、功能性食品、生物制品等海洋生物产业需求，致力于推动实验室技术向产品技术转化和集成应用，可为企业提供中试放大、新产品研发以及问题诊断、技术咨询、系统解决方案设计、工艺优化、技能培训等多元化服务。

第六节　海洋交通运输业

1. 海洋运输市场稳步复苏

2020年，我国海洋运输市场先抑后扬。年初，国内外新冠肺炎疫情暴发造成生产停滞，沿海散货、出口集装箱运价走低，海洋货运陷入低谷。随着国内复工复产，沿海散货需求向好，运价总体保持震荡上行走势，出口贸易转好。下半年，国内外货物贸易需求进一步加大，煤炭等散货需求骤升，经济继续稳步恢复。同时，欧美国家港口拥堵、集装箱短缺等情况的发生，推动全球集装箱海运市场运价走高，我国海洋运输市场逐步复苏。

2. 沿海港口生产保持增长

2020年，我国港口率先实现复产复工。全年沿海港口完成货物吞吐量94.8亿吨，同比增长3.2%；完成外贸货物吞吐量40亿吨，同比增长3.9%；完成集装箱吞吐量2.3亿标准箱，同比增长1.5%。我国货物吞吐量、集装箱吞吐量居世界前十位的沿海港口均有7个，其中宁波舟山港货物吞吐量连续12年居世界首位，上海港集装箱吞吐量连续11年蝉联世界第一。

专栏1　上海国际航运中心基本建成

2009年，国务院印发《国务院关于推进上海加快发展现代服务业和先进制造业建设国际金融中心和国际航运中心的意见》（国发〔2009〕19号），确立了2020年基本建成上海国际航运中心的目标。经过20年的发展，上海国际航运中心在资源要素集聚、枢纽能级提升、服务功能完善、市场环境优化、区域协同发展等领域成果卓著，基本具备了全球航运资源配置能力。2020年，新华·波罗的海国际航运中心发展指数显示，上海国际航运中心的世界排名位居第三位，成为继新加坡、伦敦之后世界公认的国际航运中心。上海港集装箱吞吐量连续11年蝉联世界第一，港口连通度位列全球首位，航运资源高度集聚，已经形成北外滩、陆家嘴、外高桥、洋山－临港、吴淞口、虹桥临空、浦东机场七个航运服务集聚区。全球排名前十位的班轮公司、全球前六大邮轮企业中的4家、全球前五大船舶管理机构中的3家、国际船级社协会正式成员中的10家均在沪设立区域总部或分支机构，国际海事组织亚洲技术合作中心、中国船东协会、中国港口协会、中国船东互保协会等国际性、国家级航运功能性机构落户上海。

专栏2　大力推进沿海港口基础设施建设

2020年，我国沿海水运工程建设完成投资626亿元，比2019年增长19.5%。以稳投资、补短板为目标，积极抓好唐山港京唐港区深水航道工程、连云港港30万吨级航道二期工程、湛江港30万吨级航道改扩建二期工程等重点工程建设。钦州港大榄坪港区南作业区9号、10号泊位工程等开工建设，青岛港董家口港区原油码头二期工程、珠海港高栏港区集装箱码头二期工程、中科合资广东炼化一体化项目码头工程、惠州港燃料油调和配送中心码头工程、防城港钢铁基地项目专用码头工程102号泊位等一批重大项目竣工验收。

第三章

沿海地区海洋经济发展情况

第一节　北部海洋经济圈

北部海洋经济圈指由辽东半岛、渤海湾和山东半岛沿岸地区所组成的经济区域，主要包括辽宁省、河北省、天津市和山东省的海域与陆域。2020 年，北部海洋经济圈海洋生产总值 23 387 亿元，比上年名义下降 5.6%，占全国海洋生产总值的比重为 29.2%。

一、辽宁省

1. 2020 年海洋经济发展成效

据初步核算，2020 年辽宁省海洋生产总值为 3 125 亿元，比上年名义下降 8.7%，占全省地区生产总值的 12.4%。海洋第一产业、海洋第二产业和海洋第三产业增加值占海洋生产总值的比重分别为 11.2%、28.1% 和 60.8%。

受新冠肺炎疫情冲击和严峻复杂的外部环境制约，辽宁省主要海洋产业受到了严重影响。滨海旅游人数锐减、营收骤降，滨海旅游业增加值比上年名义下降 27.9%。海洋交通运输客运量、旅客周转量、货运量、货物吞吐量、外贸吞吐量、集装箱吞吐量比上年大幅下降，海洋交通运输业增加值比上年名义下降 27.4%。但是海洋渔业、海洋电力业、海洋船舶工业和海洋工程建筑业仍然保持了正增长。

2. 2020 年推动海洋经济发展的主要举措

（1）持续培育海洋优势产业

广泛征集项目并深入调研，发布第三批海洋优势产业项目共 25 个。开展海水综合利用调研，摸清全省海水淡化能力底数。探索推进海洋能利用，支持波浪能采集的漂浮装置研发项目。优化提升船舶与海洋工程装备制造业，加强海洋综合平台和大型邮轮技术储备。以大连港为中心，营口港为骨干，其他港口共同发展的沿海港口群基本形成，港口集疏运体系不断加强，进一步夯实海洋交通运输业发展基础。加快发展海洋工程装备制造企业自主设计、系统集成、工程总包等。提升海洋油气勘探开发能力。

（2）发挥金融机构支持作用

辽宁省自然资源厅与中国邮政储蓄银行辽宁省分行签订战略合作协议，构建商业银行支持海洋经济的金融服务体系，积极探索投融资机制和模式创新，将于 2020—2025 年向辽宁省（不含大连）海洋经济领域提供不少于 100 亿元的意向性融资支持，加大金融创新力度，提升金融服务水平，降低实体经济的金融服务成本。

（3）加强海域海岛管理保障

全面优化用海服务，做好用海要素保障，对重大项目用海实施全过程跟踪服务，简化流程，压缩时限，提高审批效率。发布《辽宁省财政厅 辽宁省自然资源厅印发〈关于调整海域无居民海岛使用金征收标准的通知〉》，促进海域资源节约集约利用。印发《关于进一步加强无居民海岛保护管理工作的通知》，全面提升无居民海岛综合管控能力。加快推进围填海历史遗留问题处理，全面完成了海洋督察整改年度任务。

（4）提升海洋防灾减灾能力

建设省级智能网格化预报平台项目，大幅缩短预报时限并提高海洋自然灾害预报精细化和个性化程度。建立辽宁省水产品预警联动机制，规范市场监管，保证水产品质量安全，加强检测监测数据共享，共同应对水产品质量安全突发事件。开展凌海市海洋灾害风险普查试点工作，为全省海洋灾害风险普查奠定基础。修订《辽宁省海洋灾害应急预案》。

（5）推进海洋经济统计监测与评估

启动《辽宁省“十四五”海洋经济发展规划》编制工作。顺利完成辽宁省第一次全国海洋经济调查档案验收，共计 403 卷案卷移交中国海洋档案馆保存。推进海洋经济运行评估体系建设、海洋经济调查大数据处理项目。编制 2019 年辽宁省海洋经济统计分析报告，共享第四次全国经济普查单位底册及海洋工业产值产量相关数据，推进市级海洋生产总值核算工作。

二、河北省

据初步核算，2020 年河北省海洋生产总值为 2 309 亿元，比上年名义下降 12.9%。其中，海洋油气业、海洋盐业和滨海旅游业发展受到严重影响，增加值分别比上年名义下降 67.6%、14.5% 和 28.6%；海洋船舶工业和海洋工程建筑业也受到一定影响，增加值分别比上年名义下降 3.3% 和 2.6%；海洋化工业和海水利用业运营情况较为平稳，增加值与上年持平；海洋渔业、海洋电力业和海洋交通运输业发展态势良好，增加值分别比上年名义增长 2.7%、14.5% 和 8.8%。

1. 海洋渔业发展平稳

大力开展新品种、新技术推广，海洋渔业保持平稳发展。2020 年，河北省海水产品产量为 65.97 万吨，比上年小幅增长。其中，海水养殖产量 48.81 万吨，比上年增长 8.8%；海洋捕捞产量 17.16 万吨，比上年下降 10.1%。

不断加大海洋渔业技术攻关，2020 年，省级科技计划重点研发项目立项了水产生态养殖与综合利用关键技术研究、水产品贮运保鲜及加工关键技术、水产动物种业科技创新等课题。通过技术攻关，将有效解决海水绿色养殖、生态调控、加工贮运和优良新品种选育、扩繁等问题。河北省农业农村厅主推了中国对虾“黄海 3 号”、日本囊对虾“闽海 1 号”等品种和中国对虾“黄海系列”池塘多品种生态养殖技术、鲆鳎类工厂化循环水养殖技术、海参池塘多品种立体生态混养技术等，全省海水养殖新品种不断增加，海水养殖新技术广泛应用。同时，加大渔业资源养护，扎实开展渔业资源增殖放流，持续开展省级休闲渔业示范基地创建活动，唐山海洋牧场实业有限公司、秦皇岛渔丁渔业有限公司等 30 家单位被授予“河北省休闲渔业示范基地”称号。

2. 海洋交通运输业增长较快

持续完善港口管理机制，港口功能布局进一步优化，加强港口对外战略合作，推进基础设施和集疏运体系建设，“一纵五横”集疏运综合运输通道基本形成，煤炭 100% 实现铁路集港，散杂货物通达全球 70 余个国家和地区，连通国际港口 100 余个，海洋基础设施保障能力明显增强。2020 年，全省生产性泊位达到 237 个，通过能力达到 11.3 亿吨（426 万标准箱），沿海港口完成货物吞吐量 12.04 亿吨，比上年增长 3.6%，其中集装箱吞吐量完成 447 万标准箱，比上年增长 8.3%。全省三大港口均跻身 2 亿吨大港行列，其中唐山港货物吞吐量超过 7 亿吨，跃居全国第二位。秦皇岛港和唐山港完成国家智慧港口示范项目，唐山港获“中国绿色港口”称号，秦皇岛港获“亚太绿色港口”称号，黄骅港煤炭本质长效抑尘技术获日内瓦国际发明博览会金奖和国家三项专利。

3. 滨海旅游业下滑明显

全省滨海旅游业的游客人数明显减少，旅游收入显著降低，旅游市场整体大幅下滑。2020 年，沿海三市共接待国内外游客 8 612.4 万人次，比上年下降 51.1%；旅游收入 834.32 亿元，比上年下降 61.4%。其中，接待国外游客 0.98 万人次，比上年下降 98.1%；接待国内游客 8 611.42 万人次，比上年下降 50.9%。

为促进旅游经济恢复性增长，河北省文化和旅游厅、秦皇岛市人民政府出台了一系列旅游惠民政策，举办了丰富多彩的促销活动。秦皇岛市人民政府在山海关古城举办了“长城脚下话非遗”活动，沧州举办了 2020 年沧州市旅游产业发展大会，唐山举办了第四届唐山市旅游产业发展大会。先后出台了《河北省文化和旅游产业恢复振兴指导意见》《唐山市海洋产业发展规划（2021—2025）》《唐山市海洋产业发展工作方案（2021—2022）》《唐山市海洋产业发展支持政策》《唐山市推动文化旅游产业高质量发展的若干政策》《沧州市关于进一步支持市场主体发展若干措施》《秦皇岛市2020年旅游旺季环境质量保障8项方案》等政策文件。秦皇岛市被文化和旅游部评为第四批全国旅游标准化示范单位。

三、天津市

1. 2020年海洋经济发展成效

据初步核算，2020年天津市海洋生产总值为4 766亿元，比上年名义下降9.5%，海洋生产总值占全国海洋生产总值的6.0%，占地区生产总值的33.8%。海洋第一产业、海洋第二产业和海洋第三产业增加值占海洋生产总值比重分别为0.2%、55.3%和44.5%。与上年相比，海洋第一产业保持稳定，海洋第二产业比重有所增长，海洋第三产业比重有所下降。

主要海洋产业中，海洋盐业、海洋化工业、海水利用业和滨海旅游业逐步恢复，其他海洋产业均实现正增长，展现了海洋经济发展的活力。其中，滨海旅游业、海洋油气业和海洋交通运输业作为全市海洋经济发展的支柱产业，其增加值占主要海洋产业增加值比重分别为41.4%、39.1%和15.3%。

2. 2020年推动海洋经济发展主要举措

（1）推动海水利用业高质量发展

总结推进海水淡化工作相关举措，开展用水需求和供水保障分析，梳理推动海水淡化产业发展的工作思路和政策诉求，把握海水淡化产业发展现状，编制完成《天津市海水淡化产业高质量发展实施方案》，并先后两轮征求意见，已报送天津市政府审定。

（2）加快临港海洋经济发展示范区建设

加强调查研究和规划引领，把推动临港海洋经济发展示范区建设作为重要内容纳入天津市海洋经济发展“十四五”规划。积极构建临港海水淡化与综合利用技术创新产业体系，进一步推动临港海水淡化、海洋工程装备优势产业集聚。积极谋划临港海洋经济发展示范区项目，把握国家稳投资的契机，谋划储备地方政府专项债项目、中央投资支持项目和“十四五”发展规划重大项目。充分利用用海用地资源要素保障政策，深入挖掘特色化产业项目、生态建设项目。积极争取国家部委支持，扩大临港海洋经济发展示范区海水淡化水应用规模、建设海水淡化及综合利用示范基地。

图 3-1　多功能海上施工自升平台

（3）持续开展海洋经济监测任务

完成《海洋经济统计调查制度》和《海洋生产总值核算制度》相关部署，完成数据采集、审核和上报，编制 2019 年和 2020 年天津市各季度海洋经济运行分析报告和资料汇编，组织完成海洋经济监测与评估系统运行维护工作。与天津市统计、税务、文旅、工信等部门密切联系，推动数据共享，编制滨海新区海洋生产总值核算研究调研报告和研究报告。完成第一次全国海洋经济调查天津市档案验收和移交，共形成档案案卷 332 卷。

（4）加强海洋经济宏观管控

启动《天津市海洋经济发展“十四五”规划》编制工作。及时跟踪分析新冠肺炎疫情对海洋产业影响情况，先后梳理上半年港口运行、“六稳”“六保”政策落实等情况。新冠肺炎疫情期间，组织企业参加投融资路演等活动，完成企业复工复产和融资需求、产业链及供应链状况等问卷调查。

四、山东省

据初步核算，2020 年山东省海洋生产总值为 13 187 亿元，比上年名义下降 1.9%，占全省地区生产总值的 18%。海洋第一产业、海洋第二产业和海洋第三产业增加值占海洋生产总值比重分别为 5.3%、36.8% 和 57.9%。

1. 全面落实山东省委海洋发展委员会工作部署

制定发布《中共山东省委海洋发展委员会 2020 年工作要点》，确定了26项重点任务，建立“月调度、季分析”制度，每月调度全省海洋重点任务推进落实情况，编辑印发《工作简报》19期。开展海洋强省建设对策重大问题研究，完成全省海洋软科学研究课题36项。

2. 着力提升海洋经济发展质量

一是发展海洋产业集群。青岛市海洋交通运输业等4个产业集群入库山东省“十强”产业“雁阵形”集群，3个企业成为“十强”领军企业。确定12个省级现代海洋产业重大项目，总投资750.57亿元，定期调度督导。二是大力发展海洋新兴产业。印发《山东省人民政府办公厅关于加快发展海水淡化与综合利用产业的意见》，在青岛成立胶东经济圈海水淡化与综合利用产业联盟，致力于打造“政产学研金服用”一体化创新平台，成立山东省海水淡化利用协会，50多家企业已申请加入协会。出台《关于加快发展海洋生物医药产业的意见》《关于加快发展智慧海洋产业的意见》，设立启动首支山东省新旧动能转换海洋生物医药产业投资基金，规模1.5亿元。三是保障大项目用海。裕龙岛炼化一体化项目（一期）用海获批复。规范处理围填海历史遗留问题，完成了日照港岚南15号泊位工程等2个重大项目用海审批。四是吸引海洋高端人才。开展实施泰山产业领军人才工程蓝色人才专项，2020年遴选确定9个蓝色人才专项项目，给予扶持经费1亿元。五是强化科技支撑。启动山东省现代海洋产业技术创新中心建设，认定第一批3家创新中心。研究梳理了海洋产业“卡脖子”技术120项，及时向科技部门推荐96项。开发上线了山东省海洋科企对接平台。海水淡化等14项地方标准获得立项。指导青岛、烟台、威海三市加快海洋经济创新示范城市项目实施。六是积极开展对外合作。成功举办中日海洋经济对接交流洽谈会，山东省 10 家海洋企业在会上进行了推介。协助青岛市成功举办了东亚海洋合作平台青岛论坛，12 个海洋产业项目和 12 个高层次人才创新项目签约总投资 450 多亿元。

3. 加大金融支持海洋经济发展力度

银行机构加大市场调研力度，围绕地域实际和海洋特色，创新推出金融产品，满足多样化融资需求。如中国农业银行烟台分行与山东省农业发展信贷担保有限责任公司合作推出“鲁担惠农贷—海洋牧场贷”产品，齐鲁银行研发推出“水产养殖贷”产品，威海市商业银行潍坊分行为渤海水产田园型海洋牧场设计专项融资方案，等等。保险机构充分发挥保险的风险保障功能，帮助相关企业有效应对海洋灾害，支持新旧动能转换重大工程，围绕建设“中国海工装备名城”（烟台）为海工骨干企业发展壮大提供保险服务。

4. 加强海洋生态保护与修复力度

一是压实海洋环境保护主体责任。召开 2020 年全省总湾长会议，将海洋环保重要指标纳入沿海各市经济社会发展综合考核体系，每月清单化调度重点任务进展。全省共划定海洋生态红线区 224 个，总面积 9 669.26 平方千米，实现了重要海洋生态脆弱区、敏感区生态红线全覆盖。二是完善陆海污染防治体系。组织完成全省入海排污口监测和初步溯源工作，38 条省控以上入海河流已全部消除劣Ⅴ类水体，所有直排海污染源已连续4个季度实现稳定达标排放。三是加强岸线资源保护，海岸线修测工作取得阶段性成果。四是扎实推进海洋生态修复。实施渤海海洋生态修复项目29个，已整治修复滨海湿地4 996.4公顷、岸线62.8千米。大力推进“蓝色海湾”整治行动，13个海洋生态修复历史项目完成整改并验收。组织申报国家生态修复项目3个，获资金支持1.46亿元。五是做好海洋灾害防治。共打捞清理浒苔23.5万吨，无害化及资源化利用11.5万吨；与江苏联防联控，浒苔绿潮打捞清理量和持续时间仅为上年的13%和50%。编制发布《山东省互花米草治理实施方案和技术手册》，扎实开展互花米草治理，4个试点区域治理效果良好。六是常态化开展海洋预警监测。布设各类监测站位近500个，共发布海浪警报、风暴潮警报50期。

第二节　东部海洋经济圈

东部海洋经济圈指由长江三角洲的沿岸地区所组成的经济区域，主要包括江苏省、上海市和浙江省的海域与陆域。2020年，东部海洋经济圈海洋生产总值25 698亿元，比上年名义下降2.4%，占全国海洋生产总值的比重为32.1%。

一、江苏省

据初步核算，2020年江苏省海洋生产总值达7 828亿元，比上年增长1.4%，占地区生产总值的比重达7.6%。2020年，海洋交通运输业、海洋船舶工业、滨海旅游业和海洋渔业四大产业增加值占全省主要海洋产业增加值的比重分别为 38.1%、24.3%、14.3% 和 11.3%。

1. 海洋支柱产业稳步发展

海洋渔业平稳发展，江苏省海水养殖产量 92.3 万吨，比上年增长 0.8%；海洋捕捞产量 41.8 万吨，比上年下降 6.3%。海洋船舶工业实现恢复性增长，造船完工量、新承接订单量、手持订单量三大造船指标稳居全国之首。利用“5G+AR”等信息技术，创新运用“云检验”“云交付”“云签约”“云发布”等方式，努力开拓新市场，实现顺利交船。海洋交通运输业逐步恢复，沿海沿江规模以上港口完成货物吞吐量 24.9 亿吨，比上年增长 3.1%；集装箱吞吐量 1 837 万标准箱，比上年增长 0.4%。

2. 海洋新兴产业迅猛发展

积极推进船舶与海洋工程装备制造业重点项目和基地建设，大力支持科技创新，“深海技术科学太湖实验室”揭牌成立。海洋清洁能源利用业发展势头强劲，装机容量和发电量均位居全国前列，截至 2020 年年底，海上风电装机容量达 572.7 万千瓦，比上年增长 35.4%；全年海上风电发电量 112 亿千瓦时，比上年增长 40.7%。滨海南 H3 海上风电项目成功并网发电，标志着国内首个数字化、智慧化海上风力发电场进入投运阶段。海水利用业保持良好发展态势，2020 年海水淡化产量 1.2 万吨；海水直接利用量 92.3 亿吨，比上年增长 28%。

3. 海洋生态环境质量不断改善

强化海洋工程全过程监管和陆源污染物入海排放监督，实现“湾（滩）长制”全覆盖。近岸海水环境质量稳中趋好，优良水质海水面积比例稳定提高。加强船舶污染防治，运输船舶全部配备生活垃圾收集设施、含油污水收集和处理装置。积极推动海岸带生态保护与修复，完成滨海、射阳、临洪河口等岸线整治修复以及秦山岛、兴隆沙等海岛整治修复主体工程。盐城黄（渤）海候鸟栖息地（第一期）列入《世界遗产名录》，填补了全国湿地类世界自然遗产空白。

4. 海洋经济试点示范工作进一步深化

南通首个通过国家“十三五”海洋经济创新发展示范城市总考核。示范城市各产业链项目总投资 32.24 亿元，实现销售收入 65.51 亿元，利税 8.86 亿元，新增出口额 9.2 亿美元，带动新增就业人数 23 600 人次。推进连云港、盐城海洋经济发展示范区建设。连云港市新亚欧大陆桥集装箱多式联运入选国家示范工程，盐城海洋经济发展示范区推进风光渔一体化项目建设，着力打造滩涂综合开发先导区，初步形成可复制可推广的湿地、滩涂等资源保护与开发利用新模式。

5. 海洋经济监测评估不断强化

率先将海洋经济统计监测由沿海设区市延伸覆盖全省所有设区市，定期组织相关业务培训。推进重点海洋经济活动单位名录更新，基本完成名录核实工作，形成海洋特征明显、海洋关联性强的海洋产业单位基本名录库。

图 3-2　连云港市海洋经济发展示范区生态海岸

二、上海市

据初步核算，2020 年上海市海洋生产总值为 9 707 亿元，比上年名义下降 6.7%，占地区生产总值的 25.1%。海洋第一产业、海洋第二产业和海洋第三产业增加值占海洋生产总值的比重分别为 0.1%、29.8% 和 70.1%。基本形成“两核三带多点”的海洋产业布局。浦东新区、崇明长兴岛海洋经济试点示范建设成效明显。

1. 进一步强化政策引导

将“提升全球海洋中心城市能级，服务海洋强国战略”写入《中共上海市委关于制定上海市国民经济和社会发展第十四个五年规划和二〇三五年远景目标的建议》。全球海洋中心城市研究取得阶段性成效，“上海建设全球海洋中心城市政策措施”研究项目通过总验收。聚焦临港新片区和长三角一体化两大任务，完成“全球海洋中心城市（核心承载区）建设政策措施”和“长三角海洋经济高质量发展政策措施”等专题研究。

2. 全力推进浦东新区海洋经济创新发展示范工作

浦东新区海洋经济创新发展示范城市建设总体进展顺利。截至2020年年底，共新增龙头企业15家，新增中小微企业184家，新增市级以上高新技术企业37家，建造或改造生产线14条，新建公共服务平台9个，新增省级以上产品17个，新立项行业标准5项，成果转化数量41个，新增示范工程20个。通过示范项目建设，部分企业推出了较为领先的拳头产品，如“雄程3”号打桩船、“雄程天威1”号风电运维船、2.3万标准箱双燃料动力超大型集装箱船等。自主研造的首艘渔业捕捞加工一体船“深蓝”号在临港新片区试航。

3. 加快建设崇明（长兴岛）海洋经济发展示范区

《上海崇明（长兴岛）建设海洋经济发展示范区总体方案》经上海市政府批准同意。中国船舶长兴造船基地二期工程、临港长兴科技园、长兴海洋科技港二期工程等重点项目落地实施，推动重要高新船舶制造基地建设和高技术含量的海洋新兴智能制造产业项目发展，吸引一批重大科技专项、创新平台、功能性项目入驻长兴岛。中国金枪鱼交易中心正式挂牌，横沙国际渔港服务功能进一步拓展。在长兴岛成功举办以“创新海洋、蓝色引擎”为主题的上海市 2020 年“世界海洋日暨全国海洋宣传日”主场活动，推动了政府部门、园区、企业、高校在海洋领域的务实合作。

4. 扎实做好海洋经济统计调查

印发《上海市海洋局关于海洋经济运行监测与评估主要任务及分工的通知》，明确重点任务和市区分工；强化海洋经济运行监测，全年累计采集海洋经济运行数据 1 万余条，并将海上风电重点企业纳入工作网络；上海市第一次全国海洋经济调查圆满结束，档案通过进馆验收，移交中国海洋档案馆。

5. 加强重点企业联系

组织开展中小企业问卷调研，对中国远洋海运集团有限公司、中国船舶集团有限公司、上海国际港务（集团）股份有限公司、上海电气集团股份有限公司等重点企业开展专家访谈，掌握新冠肺炎疫情期间企业经营情况和需求。会同海洋产业园区服务市场主体发展，组织科创型企业参展 2020 中国海洋经济博览会，设立“科技兴海，上海领航”主题展区，集中展示上海海洋经济创新示范成果；举办“海洋高端装备自主化趋势探讨高峰对话”“智慧海洋云路演”等各类技术交流、投融资路演活动 19 次，有效服务企业应对新冠肺炎疫情影响。

6. 持续开展海洋经济核算分析

持续完善海洋生产总值核算方法，初步完成了2019年度上海市沿海区海洋生产总值核算。加强海洋经济运行监测分析，完成季度、年度分析报告编制；开展了智能无人船艇产业发展现状与趋势、相关国际组织和跨国企业发展状况及落户上海工作措施等分析研究。

三、浙江省

据初步核算，2020年浙江省海洋生产总值为8 163亿元，占全省地区生产总值的12.6%，海洋第一产业、海洋第二产业和海洋第三产业增加值占海洋生产总值的比重分别为7.4%、29.2%和63.5%。

1. 舟山群岛新区建设不断深入

舟山江海联运服务中心建设取得明显成效。加快推进浙江自由贸易试验区、舟山江海联运服务中心等国家重大决策部署和绿色石化基地、甬舟铁路等一批重大项目、基础设施建设。2020年，舟山群岛新区经济增速高达12.0%。绿色石化基地万亿级产业已具雏形，浙江石油化工有限公司4 000万吨/年炼化一体化项目（一期）全面投产。舟山江海联运服务中心建设加快推进，完成江海联运量超3亿吨。

2. 海洋交通运输业发展迅猛

提升以宁波舟山港为主体，以浙江东南沿海温州、台州两港和浙江北环杭州湾嘉兴港等为两翼，联动发展义乌陆港和其他内河港口的“一体两翼多联”的港口发展新格局，浙江港口的综合实力、整体竞争力和对外影响力进一步提升。2020年，浙江沿海港口实现货物吞吐量14.1亿吨，集装箱吞吐量3 219万标准箱。其中，宁波舟山港集装箱吞吐量2 872万标准箱，连续三年居世界第三；货物吞吐量11.72亿吨，连续多年位居世界第一。新华·波罗的海国际航运中心发展指数由第23位上升至第8位。

3. 海洋产业提质增效

依托大湾区建设和沿海地区临港产业发展，全省布局打造35个海洋经济特色功能区块。会同浙江省财政厅调整海洋（湾区）经济发展专项资金，安排拨付2020年度专项资金20亿元，助推海洋产业发展和涉海项目建设，并做好绩效评价督查工作。以全省开发区（园区）整合提升为契机，着手谋划创建、打造一批国内一流、国际知名的“千亿级规模、百亿级税收”涉海高能级战略平台。加快推进智慧海洋工程建设，启动省级智慧海洋大数据中心建设，同步开展海洋数字产业化与海洋产业数字化探索。挂牌启动推进浙江省大湾区（智慧海洋）创新发展中心建设。

4. 海洋资源配置能力日趋增强

2020年9月，国务院批复同意浙江自由贸易试验区增加宁波片区、杭州片区和金义片区，并再次明确浙江打造以油气为核心的大宗商品资源配置基地的定位。保税燃油加注服务试点取得创新突破，舟山港域已成为全国最大的保税燃油加注服务基地、中转分拨基地。2020年，舟山保税船用燃料油加注总量达到472.39万吨，比上年增长15.1%。虽然与新加坡港总量差距较大（2020年新加坡港完成4 983.3万吨船用燃料油供应量），但从发展态势来看，新加坡港加注总量已达峰值，舟山则具有建设成为国际船用燃料油加注中心的潜力。

5. 海洋生态文明水平持续提升

实行主要入海河流（溪闸）总氮、总磷浓度控制，全省主要入海河流、溪闸断面水质均优于国家Ⅳ类（含Ⅳ类）水质标准。船舶污染得到有效防控，绿色港航逐步推进。全省海洋生态环境质量稳中向好，近岸海域优良水质海水比例稳步上升，2020年达到43.4%，为有监测数据以来的最高水平，Ⅳ类和劣Ⅳ类水质海水比例逐步下降，水体富营养化总体呈下降趋势。建成国家级和省级各类海洋保护地18个，总面积逾4 000平方千米，占全省管辖海域面积的8.7%。

6. 宁波、温州海洋经济发展示范区建设深入推进

宁波、温州两市市政府坚持边谋划边建设，积极推进国家赋予的示范区建设任务。根据浙江省政府正式批复的两个示范区建设总体方案，结合国内外宏观经济形势和新冠肺炎疫情影响，合理调整两个示范区部分经济社会发展计划指标。根据国家明确的示范区主要示范任务和两个示范区建设总体方案，组织对示范区建设情况进行全面自评，

总结经验、查找不足，研究提出下阶段深化推进示范区建设的目标举措。指导海洋经济发展示范区做好政府专项债券项目申报。营造氛围抓宣传，通过人民网、光明网、中国网等多家媒体大力宣传示范区建设的工作成效，总结推广经验做法，扩大影响力，助力示范区建设。

7. 生态海岸带建设加快推进

浙江省生态海岸带是指浙江大陆海岸线陆侧20千米左右带状区域内，依托快速路、慢行系统、绿道，串接自然保护地、生态休闲区、人文景观区、美丽城镇、美丽乡村等形成的自然生态优美、文化底蕴彰显、人文活力迸发的滨海绿色发展带，是全省大湾区的标志性工程和魅力窗口，纳入规划范围的生态海岸带长度1 800千米。印发实施《浙江省生态海岸带建设方案》《浙江省生态海岸带建设导则》，启动嘉兴海宁海盐、杭州钱塘、宁波前湾和温州168四条生态海岸带先行段建设。

8. 银行保险业助力浙江海洋经济发展

中国银行保险监督管理委员会浙江监管局联合海洋相关部门，创立船舶综合金融服务平台，推进船舶信用信息共享，引导保险机构依托平台大数据，创新保险产品和服务。浙江银行业解决各环节难点问题，率先落地全国首笔保税油品仓单质押融资业务；大力支持浙江国际油气交易中心建设，积极参与浙江油气交易中心区块链保税商品登记系统建设，实现物流、信息流、资金流等数据的融合；打造特色化服务模式，为绿色石化基地等重点油气项目建设提供资金支持。浙江保险业大力发展油气保险，推动扩大油气安全责任险、环境污染险覆盖面，提高服务水平，引入保额达 10 亿美元的远洋保赔险，积极探索设立油气巨灾保险。

第三节　南部海洋经济圈

南部海洋经济圈指由福建、珠江口及其两翼、北部湾、海南岛沿岸地区所组成的经济区域，主要包括福建省、广东省、广西壮族自治区和海南省的海域与陆域。2020 年，南部海洋经济圈海洋生产总值 30 925 亿元，比上年名义下降 6.8%，占全国海洋生产总值的比重为 38.7%。

一、福建省

1. 2020 年海洋经济发展成效

据初步核算，2020 年福建省海洋生产总值为 10 495 亿元。海洋第一产业、海洋第二产业和海洋第三产业增加值占海洋生产总值的比重分别为 6.4%、31.7% 和 61.8%，呈现海洋第一产业比重下降、海洋第三产业比重上升态势。

（1）海洋传统产业提质增效

福建省水产品产量为 833 万吨，远洋渔业产量、水产品出口额、水产品人均占有量等指标排名均在全国前列。大黄鱼、鲍鱼、海带、河鲀和牡蛎等特色优势品种养殖产量居全国首位，十大特色养殖品种全产业链产值突破千亿元。“水乡渔村”“清新福建”“全福游、有全福”等旅游品牌建设成效显著。

（2）海洋产业集聚度显著提升

积极推进滨海旅游业、海洋渔业、海洋交通运输业、海洋工程建筑业、海洋船舶工业五大产业集群化发展，五大产业增加值占主要海洋产业增加值的97.4%，占海洋生产总值的42.3%。临港工业快速发展，宁德时代新能源科技股份有限公司成为全省首家万亿元市值企业，初步形成湄洲湾、古雷石化基地和江阴化工新材料专区及连江可门经济开发区等石化产业聚集区。

（3）海洋基础设施持续完善

沿海港口货物吞吐量为6.21亿吨，集装箱吞吐量为1 720万标准箱；开通国际航线140余条，通达全球近60个国家的140多个港口。实施《福建省渔港建设规划（2020—2025年）》，全年开工建设渔港57个，超额完成年度任务。启动“5G+”智慧渔港建设，渔业生产安全条件得到明显改善。推进“数字海洋”建设，全省1.3万余艘海洋渔船全部安装“北斗”船舶示位仪，运行状态良好，在线率达97%以上。在全国率先开展海洋渔船“插卡式AIS”设备研发及试点应用，建成渔船动态监管系统和渔港视频监控系统，实现渔船全方位全天候动态监管。

（4）为渔民办实事项目较好落实

渔民收入水平进一步提升，全省渔民人均纯收入2.42万元，较上年增长5.3%。海洋资源保护不断加强，全省累计清退超规划海水养殖面积2.29万公顷、水口库区养殖面积21.2公顷；水域滩涂养殖证实现应发尽发；摸排核实水产养殖排放口3 920个；渔业海漂垃圾和海洋微塑料污染治理、养殖尾水治理、渔业资源养护等取得积极进展。水产品质量安全监管不断强化，全省4 067家生产主体全部纳入“一品一码”追溯系统监管，产地水产品抽检合格率为99.88%，水产品质量安全抽检药物残留超标案件查处率为100%。沿海地区台风、赤潮等自然灾害应对工作取得积极成效。渔业保险保障水平持续提升，全省渔船渔工保险覆盖率超过90%，渔业保险保费突破3亿元。

2. 2020年推动海洋经济发展主要举措

（1）全力做好海上新冠肺炎疫情防控

强化海上渔船管控，深入全省18个中心、一级渔港开展驻港监管指导；统筹调度上百艘执法船艇，强化海上执法巡查，严格落实渔船进出港检查，实现“不落一船、不漏一人”。实施“百千”增产增效行动，率先出台应对新冠肺炎疫情，促进海洋与渔业持续发展的十条措施，推动渔业企业复工复产。福建省海洋与渔业局与中国进出口银行福建省分行签订全面合作战略协议，设立首批15亿元应急专项贷款额度，预计3年内海洋渔业专项授信不少于300亿元，为9家海洋渔业企业提供贷款32.4亿元。

（2）实施重大项目带动

进一步加快海洋强省建设，推动实施重大在建项目72个，完成投资298.9亿元。加快福州、厦门海洋经济发展示范区建设，统筹推进海洋资源要素市场配置，创新拓展海洋金融服务模式，培育壮大海洋新兴产业。加快建设省级海洋产业发展示范县，首批海洋产业发展示范县连江、石狮、秀屿设立项目180个，总投资7.16亿元，新建晋江、诏安、东山3个示范县。坚持“五个一批”项目推进机制，充分发挥企业主体作用，在海洋基础设施、海洋产业、海洋生态保护、海洋科技创新和“智慧海洋”等领域，着力推进一批大项目、好项目。

（3）推进海洋科技创新

强化重大创新平台支撑，发挥自然资源部海岛研究中心、自然资源部第三海洋研究所、福州海洋研究院、“6·18”协同创新院海洋分院等海洋科研平台作用，加强共性关键技术攻关与应用示范。实施重大科技创新工程，加快推进“智慧海洋”工程，大力实施福建省科技计划海洋领域项目。畅通科技成果转化渠道，发挥中国·海峡创新项目成果交易会、海峡技术转移公共服务平台作用，办好福建海洋与渔业项目成果交易会、厦门国际海洋周和海峡（福州）渔业周海洋科技成果转化洽谈活动，打造海洋与渔业装备产业技术创新联盟，促进海洋科技创新成果对接转化落地。

（4）坚持海洋渔业绿色发展

抓好海洋生态修复和污染防治，全面实施《海上养殖转型升级行动方案》，推进传统“木质＋泡沫浮球”养殖设施改造，加强渔船渔港污染防控。严格海洋执法监管，打好违法采砂整治持久战。加强渔业资源保护和恢复，开展江河湖海渔业资源养护修复行动，办好“6·6八闽放鱼日”大型增殖放流活动，加强产卵场、索饵场、越冬场、洄游通道等重要渔业水域保护，建设水产种质资源保护区，推进莆田南日岛国家级海洋牧场示范区可视化建设项目，启动福清东瀚海域人工鱼礁项目建设。加强海洋渔业资源管理，落实海洋渔船“双控”制度，严格实施海洋伏季休渔和闽江禁渔期制度，组织开展违规渔具“清网”行动。

（5）抓好海洋领域民生工程

加强防灾减灾设施建设，落实《福建省实施渔港建设三年行动计划（2020—2022年）》，推动形成以中心渔港、一级渔港为龙头，二级渔港、三级渔港和避风锚地为基础的渔港布局；加快平潭综合实验区防洪防潮工程、宁德（漳湾）临港工业区冶金新材料产业园防洪防潮工程、漳州海洋气象观测基地等工程建设；开工建设福建省海上搜救应急综合指挥系统工程，加快渔船动态监管系统和渔港视频监控系统建设。抓好安全生产，深入推进突破“难、硬、重、新”工作行动，开展海上渔船安全治理，实施渔业安全生产专项整治三年行动以及防范商渔船碰撞百日攻坚专项行动，举办全国（第二届）渔业水上突发事件应急演练。

（6）深化海洋合作交流

拓展海洋合作领域，主动融入“一带一路”建设，加强与“海上丝绸之路”沿线国家和地区的交流合作；积极稳妥发展远洋渔业，支持渔业企业建设海外综合性渔业基地，扩大养殖基地规模，开发印度洋、大西洋和东南亚、西非、东非、南太平洋岛国等过洋性渔业资源，探索开发利用养护南极磷虾等极地渔业资源。打造海洋合作平台，支持办好“海峡（福州）渔业周·中国（福州）国际渔业博览会”等大型经贸展会活动，发展壮大 21 世纪海上合作委员会，推进中国－东盟海洋合作中心建设。强化闽台海洋合作，加强闽台（福州）蓝色经济产业园、连江海峡水产品加工基地和海峡两岸（福建东山）水产品加工集散基地等建设，举办闽台休闲渔业研讨会、海峡两岸海洋科学研讨会和两岸涉海高校间互动培训等活动。

二、广东省

1. 2020 年海洋经济发展成效

据初步核算，2020 年广东省海洋生产总值达 17 245 亿元，占地区生产总值的15.6%，占全国海洋生产总值的21.6%。海洋三次产业结构比为2.8∶26.0∶71.2，海洋现代服务业在海洋经济发展中的贡献持续增强。

（1）海洋传统产业保持稳定发展

海洋油气产量稳步提升，全省天然气产量为131.6亿立方米，比上年增长17.4%；原油产量为1 613.1万吨，比上年增长7.0%。中国首个深水自营大气田——陵水17-2气田完成首口开发井作业。海洋化工项目顺利推进，国内国产化率最高的炼化一体化项目——中科炼化项目投产运营。海洋船舶工业订单量、完工量大幅提升，2020年新承接船舶订单量270.1万载重吨，比上年增长52.6%；造船完工量267.8万载重吨，比上年增长9.4%；民用钢制船舶完工89.9万载重吨，比上年增长55.1%。我国自主研制的首艘插销式自升自航抢险打捞工程船"华祥龙"号在广州市交付。首艘油电混合动力海上执法船"深海01"号在深圳市交付。世界上最大的可艏艉双向航行的客滚船在广州市开工。我国首艘智能型无人系统母船建造合同在珠海市完成签约。海洋工程建筑业持续向好。黄茅海跨海通道项目进入主体工程全面施工阶段，深中通道桥梁工程进入水域箱梁预制架设阶段。海洋渔业和海洋水产品加工业转型升级。粤港澳大湾区智慧海洋牧场综合产业项目开工，全国首台半潜式波浪能养殖网箱投产。

（2）海洋新兴产业持续发展壮大

海洋工程装备制造业稳定增长，2020年新承接订单量11座（艘），比上年增长16.7%；海洋工程装备手持订单量48座（艘），比上年增长166.7%。海洋药物与生物制品业集聚效应凸显。深圳大鹏新区海洋生物产业园入园项目61个，获得知识产权项目数超过120个（项）。海上风电产业蓬勃发展。截至2020年，全省海上风电项目完成投资约645亿元，新增海上风电投资额572.4亿元，在建装机总容量达808万千瓦，海上风电发电量约11.7亿千瓦时，比上年增长310%。中山机组研发中心建成投运，阳江全产业链基地初具规模，粤东海工、运维及配套组装基地加快建设，基本形成集风电机组研发、装备制造、工程设计、检测认证、施工安装、运营维护于一体的风电全产业链体系，整机制造产能约600套/年。海水淡化工程项目加快推进，截至2020年年底，全省建成海水淡化工程项目7项，2020年产水量达1 042万吨。

（3）海洋服务业高质量发展

海洋交通运输业向智能化转型，全省沿海货物吞吐量完成17.6亿吨，比上年增长4.7%；沿海集装箱吞吐量6 044万标准箱，比上年增长1.1%。大力发展高品质的滨海旅游业。广州南沙与深圳蛇口直达航线开通，海岛夜航及跨岛航班固定运营。茂名加快打造“国家级滨海旅游度假目的地”。10个沿海县（区）获评“全域旅游示范区”，珠海万山岛渔村风貌之旅等5条海岛主题线路获评为“广东省乡村旅游精品线路”。

2. 2020年推动海洋经济发展主要举措

（1）重点支持海洋六大产业发展

2020年度省级促进经济高质量发展（海洋新兴产业、海洋公共服务）专项资金重点支持了海洋电子信息、海上风电、海洋生物、海洋工程装备、天然气水合物、海洋公共服务产业共66个项目，拨付3亿元资金，共完成发明专利申请62项，软件著作权登记13项，研发新产品、新技术、新装备 13 项。

（2）成功举办 2020 中国海洋经济博览会

2020 中国海洋经济博览会展览总面积 6 万平方米，比上年增加了 63%，涉及海洋产业上、下游 40 多个行业细分领域。608 家国内外展商参展,来自全国各地的 3.5 万人参观了线下展览。举办高端论坛 19 场，开展投融资路演、成果发布会等配套活动 113 场，达成签约及意向合作 1 768 项，金额 2.3 亿元。首发新产品、新技术 332 项。发布了《2020 中国海洋经济发展指数》“国证蓝色 100 指数”等重要成果。借助 5G、VR/AR、云计算等新技术新手段，首次开启全球蓝色经济交流合作“云窗口”。

（3）高度重视海洋科技创新

广州、珠海、湛江三地加快建设南方海洋科学与工程广东省实验室。其中，南方海洋科学与工程广东省实验室（广州）已汇聚 47 个海洋领域的高层次科研队伍，包括 16 个院士团队，以双聘形式吸纳的科研人员达到 800 余位。南方海洋科学与工程广东省实验室（珠海）与香港、澳门、广东等地的 41 家高等院校、研究机构及相关企业签订合作共建协议，布局建设 18 个创新团队。截至 2020 年年底，全省建有覆盖海洋生物技术、海洋防灾减灾、海洋药物、海洋环境等领域的省级以上海洋平台超过 150 个，其中国家级重点实验室 1 个、省级实验室 3 个、粤港澳联合实验室 2 个。2020 年，全省海洋可再生能源、舰载雷达、海洋油气及海底矿产开发利用、海洋药物、海洋生物及微生物等领域专利授权超过 1 700 项。

（4）强化海洋生态文明建设

持续投入 1.9 亿元开展海岸线整治修复与重点海湾整治，全面实施美丽海湾建设、“蓝色海湾”整治行动并取得实效。截至2020年年底，全省累计整治修复海岸线481.6千米。组织编制《广东省红树林保护修复专项行动计划实施方案》，印发实施《粤港澳大湾区海岸带生态保护修复减灾三年行动计划（2020—2022年）》。持续推进海岸带保护与利用综合示范区建设，下达2亿元的专项资金支持深圳、中山、潮州、茂名、揭阳5个海岸带保护与利用综合示范区及广州、珠海、江门3个示范区启动区建设，重点在深化海岸带管理体制改革、实施生态保护修复示范工程、推动大湾区海洋经济高质量发展等方面开展示范。

图3-3　广东湛江红树林

（5）完善海洋治理体系

进一步加强海洋强省建设顶层设计。组织起草关于全面建设海洋强省的政策文件，召开专题协商座谈会。组织编制《广东省海洋经济发展“十四五”规划》。加快推进海域使用管理制度创新，制定实施《广东省海岸线价值评估技术规范》地方性标准，起草海岸线使用占补制度的实施意见，开展海域使用立体分层设权研究。着力推进领海基点教育基地示范项目建设。

（6）强化海洋资源要素保障

发挥海洋资源要素支撑作用，保障重大项目用海需求，以省级权限批复黄茅海通道、南沙至中山高速公路等 48 宗项目用海。全面推行海砂开采海域使用权和采矿权“两权合一”市场化出让，成功组织珠海珠江口外伶仃东 3 156 万立方米海砂资源挂牌出让，印发《广东省海砂开采三年行动计划（2020—2022 年）》，有序扩大海砂资源供应，全力保障重大项目的用砂需求。

（7）夯实海洋管理技术支撑

印发《广东省海洋经济统计调查制度》，增设海洋六大产业企业为调查对象。编制《广东省涉海单位名录库建设与维护更新技术指南》《广东省海洋经济统计质量控制方法》。持续更新全省涉海企业名录库，建立重点企业联系制度，优化海洋经济运行监测与评估系统，提升海洋经济调查与运行监测评估能力。完成全省海岸线修测 5 608 千米（含双线），围海养殖和盐田区大陆、有居民海岛、人工岛岸线长度审核通过率为 98.8%，位居全国第一。完成海平面变化影响调查评估、海洋灾情调查与评估、海洋灾害风险普查方案编制等工作。在全国率先开展保障核电冷源取水安全工作，完成省级海洋灾害应急预案修订。

三、广西壮族自治区

1. 2020 年海洋经济发展成效

据初步核算，2020 年广西壮族自治区海洋生产总值为 1 651 亿元，比上年名义增长 2.4%，占地区生产总值的比重为 7.4%。其中，主要海洋产业增加值为 844 亿元。海洋第一产业、海洋第二产业和海洋第三产业增加值占海洋生产总值的比重分别是 15.2%、30.7% 和 54.2%。

（1）召开向海经济发展推进会议

2020 年 9 月 27 日，全区向海经济发展推进会议召开，为全国首个由省级党委、政府召开，以推进向海发展为主题的会议。

（2）构建向海经济统计核算指标体系

初步建立向海经济统计核算指标体系，编制了《广西向海经济生产总值核算研究报告》。开展向海经济重大项目统计工作，摸清向海经济的“家底”，14 个设区市找准了相应的“出海口”和“出海通道”，着力培育向海经济新增长点。2020 年 9 月，自治区人民政府办公厅印发《广西加快发展向海经济推动海洋强区建设三年行动计划（2020—2022 年）》，实施向海产业壮大行动等六大行动，配套建设 352 个重大项目，总投资 1.89 万亿元。

（3）精准有力保障重大项目用海需求

加快北海、钦州、防城港三市 5 个项目共 63.585 3 公顷的围填海历史遗留问题处理。全力以赴保障重大建设项目用海，2020 年批准批复用海项目 10 宗，面积 128.878 2 公顷；用岛项目 7 个，面积 17.948 9 公顷。及时出台关于用海方面支持打赢新冠肺炎疫情防控阻击战的文件，采取 6 项稳增长措施，缓解企业资金压力。

2. 2020年推动海洋经济发展主要举措

（1）扎实推进海洋经济统计、核算工作

完成了海洋经济统计调查、海洋生产总值核算数据报送工作。对全区海洋经济活动单位进行了走访、记录、核查，对海洋经济活动单位名录库进行了更新调整。开展了广西沿海三市市级核算的前期初步调研摸底工作。完善了海洋经济共享机制。建立完善了各部门各企业间的统计联络台账，加强了对自治区统计局、北部湾办公室、交通运输厅等部门的高频数据共享合作。

（2）提高海洋经济运行分析与评估能力

探索开展广西海洋经济运行季度分析报告，对全区海洋经济运行情况进行合理的分析解读，完成并报送半年度、年度分析报告。逐步推动形成模式化、机制化工作，编制发布了《广西海洋经济统计公报》《广西海洋经济发展报告》，及时、准确地为政府提供了决策支持，充分发挥了引导社会预期的作用。举办了广西海洋经济统计、核算业务培训班。

（3）建立重点企业沟通联系机制

建立了重点企业联系制度，将上市企业、海洋经济创新示范城市的重点产业链企业纳入了重点联系范围。完成了年度企业直报工作，对重点企业进行走访核查，督促企业进行系统填报，了解企业复工复产的情况进度。

（4）加强创新发展示范督导，推动落实整改

建立科学的监管考核机制，出台示范项目管理办法、专项资金管理办法及示范项目评审和验收管理办法，加强示范项目、资金及相关

企业的监管。建立了示范项目评价、监督、考核、退出机制。一是建立北海市示范市项目监管月报、季报、半年报及年审等工作制度，及时向自然资源部、财政部报送项目实施情况。二是建立产业链龙头企业负责制，让龙头企业负责整条产业链协同发展，通过对龙头企业的管控和考核，确保整个产业链的协调发展。三是自治区海洋局会同财政厅制定并印发《进一步加强“十三五”海洋经济创新发展示范工作实施方案》，加强调研督导、推动落实整改。四是积极解决问题，对实施方案做出调整并向自然资源部、财政部备案。

（5）积极推动北海海洋经济发展示范区建设

加大海洋经济对外开放合作力度，组织编制《北海市向海经济发展规划》，确立了“一岛两带三港四路五组团”的空间发展格局。设立龙港新区和桂台产业合作北海示范区。加快推进北海—澳门葡语系国家产业园、玉港合作园、桂台产业合作北海示范区、蜀海川港产业合作园等项目建设。大力开展海洋生态文明建设示范。制定实施《推进生态立市行动方案》，出台了《北海市涠洲岛生态环境保护条例》《北海市沿海沙滩保护条例》《北海市红树林保护条例》，对涠洲岛、沙滩、红树林等立法保护，划定海岸线300米控制线，在控制范围内临海一线未出让用地不得建设居住、工业仓储性质建筑。

四、海南省

据初步核算，2020年海南省海洋生产总值为1 536亿元，比上年名义下降2.5%。主要港口货物吞吐量比上年下降15.5%，沿海地区接待过夜游客人数比上年下降62.2%。

1. 统筹规划海洋经济发展

启动海洋经济“十四五”发展规划编制工作。立足更好服务海洋强国建设大局、高质量发展海洋经济，明确海洋强省战略发展目标及实施路径，编制完成《海南省海洋强省战略发展规划》。开展海水淡化与综合利用业、海洋可再生能源、智慧海洋等海洋新兴产业专题研究，编制完成《海南省海水淡化与综合利用业发展规划》《海南省海洋生物医药与生物制品产业发展规划》。

2. 全力发展海洋油气业和涉海服务业

成立海南省大力提升油气勘探开发力度专项协调工作领导小组，统筹协调推动油气资源勘探开发，全面推进天然气水合物先导试验区建设工作。编制完成《南海油气勘查开发矿权区评价优选》报告，优选的三个区块作为首批共同组织实施竞争性出让试点油气区块，已纳入自然资源部竞争性出让计划。天然气水合物试采获得巨大成功，创造了产气总量和日均产气量两项世界纪录，实现了从“探索性试采”向“试验性试采”的重大跨越。根据《海南自由贸易港建设总体方案》要求，协调多个单位，积极构建具有国际竞争力的海洋服务体系，明确六个相关责任单位的重点任务、推进措施和报送机制。

3. 用好示范区抓手，促进海洋经济高质量发展

加快海口海洋经济创新发展示范城市建设。对示范城市各项工作

量化打分，细化整改措施，明确责任主体、责任单位和完成时限。推进陵水海洋经济发展示范区建设，指导出台《海洋经济发展示范区建设总体方案》和《陵水海洋经济发展示范区实施方案》，明确示范区建设的方法和实施路径，创新“海洋旅游+”产业融合发展模式，打造滨海旅游业国际化、高端化发展示范区。

第四章

“十三五”时期海洋经济发展示范区建设情况

为落实《中华人民共和国国民经济和社会发展第十三个五年规划纲要》关于“建设青岛蓝谷等海洋经济发展示范区”的重大部署，2018 年 11 月，国家发展改革委和自然资源部联合印发《关于建设海洋经济发展示范区的通知》，批复山东威海、日照，江苏连云港、盐城，浙江宁波、温州，福建福州、厦门，广东深圳，广西北海 10 个市，以及天津临港、上海崇明、广东湛江、海南陵水 4 个园区设立海洋经济发展示范区，并明确各示范区的主要任务。2020 年 5 月，支持吉林珲春海洋经济发展示范区建设。两部门指导各示范区围绕主要示范任务，探索海洋经济高质量发展路径，积累可复制、可推广的经验做法。各示范区立足自身优势，主攻“海洋”文章，聚力聚焦，锐意创新，主要示范任务有序推进，建设发展成效显著，在推动海洋经济高质量发展方面形成了重要引领示范。

第一节　总体情况

1. 编制总体方案，谋划发展布局

从 2019 年起，各示范区相继制定建设方案并经省级人民政府批准印发实施，方案围绕主要示范任务，在海洋经济发展、科技创新、生态环境保护、开放合作等方面设定了建设目标、功能定位、发展布局、重点任务和保障措施等，发挥海洋供给侧结构性改革“试验田”作用，全力推动海洋经济高质量发展，切实保护和修复海洋生态环境，进一步聚集海洋科技创新资源，不断拓展海洋经济国际合作。

2. 完善体制机制，推进任务落实

为有效落实示范区建设任务，日照、连云港、温州、福州、厦门、北海、陵水等地方政府部门成立了示范区建设工作领导小组，日照、连云港、宁波等地方政府部门出台了示范区建设工作方案，明确具体要求，保障工作有序开展。部分示范区积极创新体制机制，为全面加快推进示范区建设提供了强大动力，如山东青岛推行“党工委（管委会）+ 公司”体制改革，着力构建管理委员会领导下的大部门管理体制和公司化运行机制。

3. 设立专项资金，强化要素保障

为优化区域营商环境，示范区从科技创新、产业发展、资金支持、人才引进与培养等方面出台相关政策。如山东日照安排财政资金 2 000 万元，支持海洋经济创新发展项目“苗圃培育”三年计划，支持海洋新兴产业科技成果转化与产业化项目，并设立 3 000 万元的人才专项资金。江苏盐城制定湿地保护、湾（滩）长制等方面政策，加强沿海湿地资源管理和保护。上海崇明制定了土地、人才引进、融资、税收、购房补贴等方面的优惠和扶持政策。浙江宁波出台针对性较强的“政策包”，提供财政资金 2 500 余万元支持相关项目建设。福建厦门印发《关于促进海洋经济高质量发展的若干措施》等文件，为提升海洋产业创新能力、促进成果转化与产业化、加强人才保障等提供政策支持。

4. 落实建设项目，促进示范带动

自示范区建设以来，实施了一批重大项目，有力地促进了示范区海洋经济发展。如山东威海重点推进沙窝岛国家远洋渔业基地、南极磷虾高端生物开发产业园等 12 个海洋新旧动能转换项目，已完成投资 68.8 亿元。山东日照突出海洋生态项目建设，已修复岸线 30 多千米。江苏连云港“新亚欧大陆桥集装箱多式联运示范工程”入选国家级示范工程；投资 40 亿元建设“一带一路”供应链基地项目，打造连云港至里海 7 000 千米的商品供应链通道。上海崇明积极推进海洋装备产业发展与技术创新的核心产业项目、海洋新科技创新发展基地（园区）项目、横沙国际渔港海洋高品质鱼品交易中心项目、长兴岛旅游产品项目等。浙江温州高水平打造霓屿紫菜、鹿西黄鱼、大门仁前途村 3 个海岛田园综合体。福建福州着力推进 176 个重大项目建设，已完成投资 426 亿元，成功实现国内首台 10 兆瓦海上风电机组并网发电。福建厦门已投资 250 亿元建设 80 个海洋重点项目,其中 35 个项目已竣工投用。

第二节　主要成效

1. 推动海洋产业集聚，延伸产业链条

示范区通过建设海洋产业集聚区，引进优质项目，培育龙头企业，推进产业链协同创新发展，不断拓展优势产业领域，推动海洋产业链延伸和产业配套能力提升。如山东威海围绕海带等优势产品，鼓励企业拓展精深加工领域，完成了微藻工厂化养殖及活性物质提取项目，

建成了海洋发酵生产酶制剂、活性酶海藻生物肥生产线。加强企业与科研院校合作，开展海藻开发利用、微藻新品种培育等领域的40多项共性关键技术攻关，推动海水产品精深加工向高附加值化转变、向集群化发展。福建厦门重点发展海洋生物医药、高端装备、生物种业等产业，培育了一批海洋龙头企业，重点打造欧厝海洋高新产业园区，进一步推动海洋产业集聚发展。天津临港支持海水淡化上、下游企业发展，不断提高中小型海水淡化装置、海水水处理药剂、膜材料制备等制造水平，研发生产的海水淡化水处理药剂性能指标与国外同类产品相当，成本降低30%以上，已应用于国内多家海水淡化企业。

2. 推进海洋产业融合，提升产业效能

示范区积极探索海洋产业融合发展模式，促进海洋产业结构优化和生产效率提升。如山东威海加快“资源修复 + 生态养殖”型海洋生态牧场综合体建设，推动休闲渔业、渔家文化产业发展，举办海钓赛事和“放鱼日”等活动；2020年，全市海洋牧场接待游客20多万人次，实现门票收入2 000多万元。海南陵水将星级景区创建和海洋文化融为一体，重点打造集热带海底世界、海洋休闲项目、水上乐园、海洋表演和海洋度假村等于一体的高端海洋文化旅游业态；挖掘新村镇疍家渔俗文化，2020年举办了首届疍家文化节。江苏盐城实施“风光渔”一体化，采用国内首创的立体式综合利用资源模式建设太阳能光伏电站综合发电项目，总投资30亿元，形成了风光互补、循环经济、高效养殖、立体科普旅游相融合的特色示范。

3. 改善海洋产业发展环境，提高服务水平

示范区采取搭建海洋产业服务平台、创新海洋金融产品和服务等方式，不断优化海洋产业发展环境，助力海洋经济高质量发展。如山东日照首创“港银通”融资监管信息平台和“四方融资业务模式”，在日照港完成了全国首单非标电子仓单线上质押融资业务，搭建产融结合的供应链金融服务平台，建设大宗商品智慧供应链管理服务平台，优化港口商贸金融环境。福建福州积极搭建海产品线上交易平台，建成运营跨境食品 B2B 交易服务平台，吸引 1 780 家供应商入驻，上架商品 11 281 款，4 285 家采购商完成注册，达成交易额 2.6 亿元；建成国际渔业博览会“云展会”平台，成为全国首个获得商务部批准的国家级渔业专业展会，近 3 年现场销售额达 2.32 亿元，经贸配对额 17.29 亿元，签约重点项目达 40 项，金额超过 707 亿元。吉林珲春自主开发了跨境新业态供应链运营服务平台，以海产品为主线、互贸产品和跨境产品为亮点，打造“电商 + 实体”生态圈，2020 年实现进出口贸易额 9.85 亿元，同比增长 187%。成功开辟“珲春—扎鲁比诺—青岛”内贸外运航线，珲春铁路口岸全年进境“海洋班列”25 列，进境海产品 29 049 吨。

4. 推进海洋科创平台建设，培育海洋经济新动能

示范区通过海洋科创平台建设，加大资金扶持，实施重大科技计划项目等培育海洋经济新动能，推进海洋科技创新成果转化。如山东青岛蓝谷管理局布局海洋科研、教育、成果转化、学术交流等重大平

台项目，有序推进科技孵化载体和国家海洋技术转移中心建设，开展技术转移与创新创业培训、企业股权融资路演、科研成果发布和推介等活动，建立科研成果标准化评价服务体系，高端海洋科技创新平台数量实现两年翻三番，建立了高效的公共科研平台共享机制，形成了国际领先的海洋科技创新集群。广东深圳鼓励上、下游企业和科研院所之间建立实质性合作关系，推进重大产业项目实施，对企业自主创新成果产业化项目予以总投资额30%（最高1 500万元）的事后资助，对国家重大科技项目后续研究和产业化应用最高资助1 000万元。广东湛江支持高校、企业、研究所共建新型研发机构，湛江经济技术开发区管理委员会与广东医科大学共建湛江海洋医药研究院，产业化“海水稻功能营养米粉”等3个新产品，同时，2020年财政科技专项资金拨付8 523万元对高新技术产业培育、成果孵化创业，技术创新、专利申请、人才引进等给予支持，成果转化91项，形成高新技术产品65种。福建厦门建设海洋创新成果转化中心和海洋众创空间，建立“政产学研金服用”协同高效机制，促进成果本地转化，累计完成研发成果转化96个，新增海洋专利488个，海洋创新和研发平台17个。

5. 强化海洋管理措施，科学利用海洋资源

示范区围绕海洋经济发展的重点领域和关键环节，推动体制机制创新，加强用海用地要素保障，推进海洋资源要素市场化配置。如浙江温州印发《温州民营经济参与海洋经济创新改革试点工作方案》，实施企业家培养成长计划，通过资金补助、奖金奖励等方式鼓励更多企业进入海洋经济领域。2020年，温州民营资本参与示范区海洋经济发

展投资 54.56 亿元，同比增长 7%。广东深圳将新兴产业用地优先纳入城市建设和土地（海域）利用规划年度实施计划，对市政府确定的战略性新兴产业重大项目用地（用海）实行专项保障，协同办公、并联审批，集中解决项目评估、规模核定、用地（用海）选址、项目准入等事项，投资额超过 1 亿元的战略性新兴产业项目优先列入深圳市重大项目计划，享受“绿色通道”待遇。福建福州连江县编制自然资源资产负债表，摸清自然资源资产“家底”，探索建立了“政府 + 企业 + 金融 + 渔民”运作机制，构建了“从资源到资产、从资产再到资本”的全链条式海洋生态产品改革“连江模式”，推进养殖海权试点工作，实行所有权、使用权、经营权“三权分置”，拓宽了村级财政增收渠道，每年增收 570 万元，推动乡村振兴发展。

6. 强化陆海联动机制，切实保护海洋环境

示范区创新海洋环境治理和生态保护模式，保障海洋经济可持续发展。如福建厦门创新建立制度化、常态化、系统化、信息化的海上环卫“四化”海漂垃圾治理机制，在全国沿海城市第一个实现了溪流入海垃圾轨迹和分布区域每日预测预报，提高保洁效率，实现垃圾海上收集、陆上处置，取得明显阶段性成效。2020 年，共清理海漂垃圾 2 643.35 吨，厦门湾局部海域优良水质面积年均占比为 82.4%，超出计划 17.2 个百分点。广东深圳在全国率先编制陆海一体的海岸带地区详细规划，实现海岸带地区的精细化管控，在海洋生态环境保护、海域使用权市场化配置、海域使用监督管理等方面进行制度创新，为保护海洋环境、合理开发和利用海洋资源提供了法治保障。广西北海完成

红树林、沙滩、涠洲岛、老街、汉墓保护立法，规定距海岸沙滩300米范围内严禁新建非公益性永久建筑，严禁填海、圈占沙滩和红树林。

图4-1 北海市滨海国家湿地（冯家江流域）水环境治理项目鸟瞰

7. 整治海洋生态环境，助力海洋经济发展

示范区通过陆海生态统筹联动，引导社会资本参与，推动海洋生态修复和生物多样性保护，推进海洋产业与海洋生态协调发展。如浙江温州统筹规划“蓝色海湾”整治行动项目，明确按照“谁修复、谁受益”的原则，采用“上级专项奖励＋地方政府自筹＋社会资本参与”模式，赋予企业一定期限的自然资源资产使用权，给企业带来可观的收入，也带动了滨海旅游发展；洞头区东岙村借助“蓝色海湾”整治行动，2019年旅游综合收入达5 000万元。山东日照在全国率先实施了海龙湾退港还海工程，坚持公益性与市场化相结合，将海龙湾工程与日照港“东煤南移”港口转型升级工程有机结合，通过煤堆场搬迁，将腾出的土地交还政府统一规划开发，实现了政府财政投入、带动社会资本及地方投入的多赢格局。江苏连云港实施计划总投资4.6亿元的“蓝色

海湾”整治行动，累计修复水域面积57.32万平方米，营造水生湿生植物区103万平方米、芦苇生长区10.21万平方米，清除入侵植物互花米草100万平方米，建成300亩（约20万平方米）耐盐碱植物选育基地，成功引种乔灌草植物100余种；示范区新增湿地修复面积385.8公顷，近岸海域海水水质优良比例83.3%，符合优良（国家一类、国家二类）海水水质标准的海域面积由2018年的82.2%提高到2020年的98%。

8. 搭建国际交流平台，促进海洋发展对外合作

示范区通过搭建国际海洋合作平台，鼓励企业走出去，拓展海洋经济对外开放合作。如广东深圳鼓励企业开展“一带一路”沿线国家产业项目布局，深化海洋合作，以中国海洋经济博览会等国际展会、论坛为突破，加强海洋领域国际对话合作。青岛蓝谷管理局每年举办中国（青岛）国际海洋科技展览会、中国·青岛海洋国际高峰论坛、全球海洋院所领导人论坛等，为海洋科研成果在全国乃至全球层面交流、交易、合作和展示提供了平台。福建福州持续举办海上丝绸之路（福州）国际旅游节，探索“21世纪海上丝绸之路”旅游合作发展新模式。

9. 创新航运物流模式，打造贸易新业态

示范区通过构建多式联运体系，发展国际陆海联运和大宗商品交易场所，突破传统贸易模式，推动航运物流创新。如江苏连云港打造国际班列连云港品牌，首创中欧班列“保税＋出口”集装箱混拼、国际班列“车船直取”零等待等创新实践案例，推行中韩陆海联运甩挂

运输车货一体通关，试行中亚过境货物监管新模式，推进连云港海港、徐州陆港、淮安空港合作打造“海陆空”多式联运立体交通模式。2020年，连云港海铁联运量突破60万标准箱，同比增长56%。山东日照发展兼具港口特色和金融属性的大宗商品交易场所，在贸易新业态新模式、提升港口及腹地商贸流通效率、实现港航业转型升级等方面进行了深入探索。

专栏1 创新养殖海域改革，激发海洋资源利用活力

宁波市象山县浅海滩涂广阔，但长期以来养殖海域没有权属，权利义务不清、用海纠纷不断，浅海滩涂资源难以有效开发利用。为有效破解养殖用海乱象，象山县借鉴农村宅基地“三权分置”的成功经验，创新实施了开放式养殖用海海域“三权分置”改革，探索推行“三权分置、二级发包、一证到底”模式，即明确养殖用海所有权为国有，海域使用权通过公开招拍形式出让给国有公司；国有公司为一级发包主体，将养殖用海经营权发包给村集体；村集体承接二级发包职能，将养殖用海经营权发包给村集体或企业、个人，并赋予养殖证更多权能，联合金融、保险等机构探索“养殖证+保险”“养殖证+贷款”“养殖证+担保”等服务。建立了村集体经济组织养殖海域收益管理制度，将养殖用海海域流转、出租后取得的收益用于乡村基础设施建设、乡村产业发展、养殖保险等方面，用以反哺渔区。目前，该县已累计公开出让浅海滩涂养殖用海114宗，面积15 216.22公顷，办理不动产权证书91本，收取海域出让金49.95亿元，在推进海域规范化管理、促进海洋资源合理利用、增加村集体经济收入等方面均取得了良好成效。

专栏 2 全国首个港口工业岸线退港还海、修复整治生态岸线典型案例

山东省日照市近年来实施了海龙湾退港还海工程，把港口生产区搬离城市，舍掉 92 万平方米“黑色”煤堆场，换来了 46 万平方米金沙滩、1 882 米生态岸线和 29 万平方米的城市绿色发展空间，探索出一条港口工业岸线整治修复新路径，创造了优质岸线恢复再造新模式。该工程为全国首个港口工业岸线退港还海、修复整治生态岸线的典型案例。

一是加强技术创新，夯实全程绿色施工基础。为确保生态修复工程不带来二次污染，在沙滩形成过程中，首次采用“特制防污屏”“超低台车出运沉箱施工”（被评为交通运输部水运工程一级工法）等先进技术，为全国海域岸线整治修复全程绿色施工奠定了技术基础、积累了成功经验。

二是统筹整合资源，实现多元化投融资。将海龙湾退港还海工程与日照港“东煤南移”港口转型升级工程有机结合，通过煤堆场搬迁，将腾出的超过 2 000 亩（约 133 万平方米）土地交还政府统一规划开发，实现了政府财政投入 2.5 亿元、带动社会资本及地方投入近 40 亿元的多赢格局，保障了工程的顺利实施。

三是坚持规划引领，打造绿色发展新空间。海洋环境、生物资源得到显著改善，国家一级保护动物中华白海豚、国家二级保护动物海龟等 10 余种海洋生物频现该海域，昔日与居民生活区“一墙之隔”的“黑煤场”重新变回“金海岸”。同时，规划建设煤码头遗址公园、海上艺术长廊等景点。

第五章

“十三五”时期海洋经济创新发展示范城市建设情况

第一节　总体情况

为全面贯彻落实习近平总书记关于发展海洋经济的重要指示批示精神，按照党中央、国务院关于“创新驱动发展”“拓展蓝色经济空间”等部署，经国务院同意，2016 年 9 月，财政部、国家海洋局印发了《关于“十三五”期间中央财政支持开展海洋经济创新发展示范的通知》（财建〔2016〕659 号），组织开展海洋经济创新发展示范城市建设工作。2016 年和 2017 年期间，天津滨海新区、南通、舟山、福州、厦门、青岛、烟台、湛江、秦皇岛、上海浦东新区、宁波、威海、深圳、北海和海口 15 个市（区）先后获批开展海洋经济创新发展示范城市建设工作，重点围绕海洋生物、海洋高端装备、海水淡化等产业，推进海洋产业链协同创新、产业孵化集聚创新。

1. 建立管理机制，完善管理制度

各示范城市均建立了以财政、海洋部门为主，发展改革、工信、科技、市场监管、金融等多部门共同参与的统筹协调机制，推动创新示范工作的实施；制定了示范项目和专项资金管理办法，规范了立项审查、定期报告、监督检查、绩效考核、资金使用、专账核算等方面工作；引入了第三方机构参与评审立项、技术咨询、过程管理、财务审计、绩效评价等，确保示范工作依规有序开展。如宁波印发了《关于推进国家海洋经济创新发展示范城市建设的实施意见》，从重点任务、要素保障和体制机制三个方面，提出 21 条措施；舟山积极对接协调南通、上海浦东新区、宁波，共建海洋园区（基地）战略合作，加快推进长三角

一体化发展进程，同时建立了项目季度、半年度、年度汇报制度，定期对各项目承担单位进行检查，准确掌握项目实施进度，及时解决项目实施过程中出现的问题；天津滨海新区出台了《滨海新区海洋经济创新发展示范项目年度考核制度》，对项目考核作出了细化规定；青岛分别组织了项目申报、项目管理专题培训，对申报文件进行解读，就项目管理、政策落实等问题进行解释；海口开展项目专账建设培训，规范财政资金使用。

2. 健全政策体系，提高政策协同效应

各示范城市以创新为核心驱动力，充分挖掘现有政策潜力，补充完善促进海洋经济发展的指导意见、规划、行动计划或实施方案等政策工具箱，打好产业、科技、金融、人才共同发力的组合拳。如宏观政策方面，北海市出台了《关于加快建设海洋强市的若干意见》《打造向海经济行动方案》等，烟台市出台了《关于加快建设海洋经济大市的意见》《烟台海洋强市建设规划》，福州市出台了《对接国家战略建设海上福州工作方案》《“海上福州”行动方案》；产业政策方面，青岛市出台了《青岛市新旧动能转换“海洋攻势”作战方案（2019—2022年）》，天津市编制印发了《天津市海水淡化产业发展“十四五”规划》《天津海洋装备产业发展五年行动计划（2020—2024年）》，威海市制定并实施《海洋生物产业发展规划》《海洋生物与健康食品产业集群三年行动计划》；科技政策方面，宁波市出台了《宁波市科技创新与海洋经济深度融合发展三年工作要点（2018—2020）》，青岛市制定了《关于支持“蓝色药库”开发计划的实施意见》；金融政策方

面，宁波市出台了《关于金融支持宁波市海洋经济发展核心示范区建设的指导意见》《关于金融支持宁波国际海洋生态科技城建设的指导意见》；人才政策方面，厦门市制定了《加快海洋经济发展人才保障暂行办法实施细则》，青岛市出台了《青岛市集聚海洋高端人才行动计划（2016—2018 年）》。

3. 建立海洋产业联盟，创新产业协同模式

示范城市依托龙头企业、知名机构等组建各类海洋产业联盟，促成产业链牵头企业与大批知名高校、院所建立产学研用合作新模式，补强了产业链条，加速了产业集聚和协调发展，激发了产业链协同创新的强大势能。如厦门成立了海洋新兴产业创新联盟，107 家成员单位之间开展协同合作、资源共享、政策咨询、联合攻关、成果转化、人才交流等工作，引领海洋产业发展和海洋经济建设；天津滨海新区成立了天津海水淡化产业（人才）联盟，推动在学科建设、人才培养、技术研发、成果转化、装备制造、生产应用等领域加强合作，实现了人才、企业、科研院所等资源向“联盟”集聚，实现了资源的有效整合；南通成立海洋装备、海洋生物、智慧海洋产业技术合作联盟，围绕海洋观测探测、海工配套装备、海洋生物等方向推进高端产业链协同创新；湛江组建了海洋生物医药产业创新联盟，形成以企业为研发主体，“政、产、学、研”紧密合作的协同创新模式，引进专业管理团队运营海洋产业园区，形成“政府引导、市场主导、专业运营”的海洋经济创新发展模式；烟台建立了以海工产业为龙头和纽带的产业融合发展模式，以海洋产业园区为载体的集聚发展模式和以产

业联盟为主体的产业协同创新模式；海口推动成立了海南海洋产业联盟，促进交流合作、协助制定政策。

第二节 主要成效

1. 自主创新能力显著增强，加快了海洋产业升级

依托创新示范项目，承担单位加强核心技术攻关，突破了一批关键技术，自主创新能力显著增强，产品附加值得到提高，部分产品打破了国外垄断，并在国际上实现领跑。截至 2020 年年底，15 个示范城市取得了一批专利授权，部分技术达到国内外领先或先进水平。如从海洋真菌中研发的有核心知识产权的去乙酰真菌环氧乙酯（DAM）原料药填补了国内空白，已获美国新药临床试验批准；从海洋微藻分离出 HZ7 新型小肽分子，应用于炎症性瘙痒治疗领域，可替代当前激素类药物，达到国际领先水平；研发的来源于海洋的舍雷肽酶、乳糖酶等达到国际领先水平；研制的 4 000 千瓦级舵桨推进器达到国际先进水平；建造完成 2 座深水半潜式起重平台，填补国内空白；研发的大孔径深水脐带缆设计技术和制造方法达到国内领先水平，大大降低了工程造价，缩短了产品交付周期；研发的海底高压主基站、海底光电复合缆，达到国际先进水平。

2. 新的发展动能培育壮大，带动了海洋产业发展

海洋药物和生物制品业、海水淡化与综合利用业增加值增速年均

分别达到 9.4% 和 7.2%，有力地带动了海洋产业的快速发展，实现了经济效益和社会效益的双提升。在创新示范资金的支持下，一些大型企业“下海”积极性进一步提高。南通和烟台等地的一些企业不断发展壮大成为海洋产业龙头，宁波和天津等地的许多海洋高新技术企业凭借技术优势，行业竞争力不断增强，一批中小微企业快速成长，新增大量就业岗位。在项目实施过程中，承担单位积极开展技术创新、管理创新和商业模式创新，有力地推动了产业链的延伸和产学研用的融合发展。如南通示范项目建成我国首个深远海海洋立体观测 / 监测 / 探测系统产品产业链，其自主研发、行业首创的“智能拉丝机”突破多项关键核心技术；厦门示范项目建成高值海洋微藻营养强化剂和二十二碳六烯酸（DHA）藻油生产线、高纯度药用级海洋微藻乙酯型 DHA 中试线，项目产品获得欧盟新资源食品和美国食品药品监督管理局（FDA）的安全性食品认证（GRAS）双认证；天津示范项目研发的抗污染、高通量纳滤膜制备与改性关键技术，达到国内先进水平，国内率先实现中空纤维纳滤膜产业化，开发 2 种海水淡化预处理大型成套装置，单台处理能力超过 1 万吨 / 天；舟山示范项目逐步实现了“捕捞—海上运输—加工、交易、运输、仓储—销售—服务”的全产业链延伸发展模式。

3. 海洋产业集聚效果凸显，促进了产业布局优化

各示范城市依托区域海洋特色和优势，加快推动海洋产业集聚发展，以产业基地、产业园区为特征的发展态势初步形成。如天津滨海新区南部南港工业区形成海水淡化与综合利用产业集群，中部保税区

临港区域建设海水淡化与综合利用产业基地，北部形成浓盐水循环综合利用示范，实现了海水淡化技术创新能力和生产能力全国“双领先”；厦门重点培育形成以海洋生物医药为方向的海沧生物医药港，以海洋食品、生物制品为主的同集园区，以海洋生物育种、现代渔业、海洋装备为主的翔安园区，集聚了一批海洋生物医药和制品企业；南通集聚了一批龙头企业，以邮轮为切入点，形成国内领先的国有、民营、外资协同并进的海洋工程装备全产业链，建设总投资 200 亿元的邮轮制造基地、邮轮配套产业园、国际邮轮城，打造千亿级产业集群；烟台支持骨干企业创新发展，重点建设蓬莱、烟台开发区两个省级船舶工业聚集区，莱山、烟台高新区两个市级船舶与海洋工程装备特色产业园区，成为全球四大深水半潜式平台建造基地之一。

4. 平台建设成效显现，提升了公共服务能力

示范城市多方面挖掘整合关联创新资源，推动海洋产业创新发展，公共服务能力得到有效提升。截至 2020 年年底，15 个示范城市新增多个省级以上公共服务平台 / 企业研发中心、完成立项 / 新形成标准 400 余项。如中国海洋大学建设的海洋生物医药产业创新发展公共服务平台，高效、快速地从海洋生物中鉴定发现结构新颖的化合物 300 余个，约占世界同期总发现量的 10%；从发现的新化合物中获得一批具有抗肿瘤、抗病毒作用的高活性先导化合物和 3 个候选药物；自然资源部第三海洋研究所建设的海洋微生物资源获取及开发利用共享服务平台，标准化保藏 1 000 余株海洋微生物，建立了海洋微生物次生代谢产物库子平台，为百余家海洋生物医药企业和相关科研院所提供

服务约 2 000 次；国家深海基地管理中心建设的深海技术装备测试与检验服务平台，整体达到国际先进水平，具备全链条、一站式支撑保障能力，是国内唯一将陆基、岸基、港池以及船基等深海技术装备支撑条件集中于同一区域的综合性支撑体系，年对外服务次数达 100 余次，服务范围涵盖了深海技术装备上、中、下游整个产业链。

专栏 1　1 500 米水深大孔径中心管式脐带缆系统产业链构建

脐带缆是深水油气开采的必备材料之一，在海洋油气开发中有着不可替代的作用。为实现油气配套装备和材料自主化、系列化和品牌化，宁波重点支持构建了 1 500 米水深大孔径中心管式脐带缆系统产业链。以技术和市场为纽带，整合高校、科研院所及上、下游等企业，解决了脐带缆系统设计、制造、测试的关键技术难题，掌握了海洋脐带缆集成设计技术、脐带缆制造工艺和连接技术、大孔径脐带缆连续制造等系列核心技术，首次突破大孔径深水脐带缆设计技术和制造难关，并通过 DNV 第三方认证，打破了水下生产系统“神经生命线”长期由国外垄断的“卡脖子”问题，整体技术水平达到国内领先。自主研发的超双相不锈钢管单元在线连接技术，突破了国际上对超双相不锈钢这种特殊钢材的焊接工艺技术封锁，焊接管的各项性能满足规范要求，达到国际先进水平。项目进行的科技成果转化集成创新，实现了深海油气资源勘探开发急需的“综合生产脐带缆”量产化，形成了 1 500 米水深综合生产脐带缆设计、制造、测试、安装、维护的完整技术产业链。

专栏 2 海洋微生物资源获取及开发利用共享服务平台

为发掘海洋药源微生物资源，向下游深度研发利用提供保障，厦门重点支持建设了海洋微生物资源获取及开发利用共享服务平台。通过搭建平台，已完成标准化保藏海洋微生物 1 679 株；完成海洋微生物的化学筛选 509 株；获得海洋微生物化合物 519 个；获得海洋微生物功能基因序列 2 000 个；克隆表达海洋微生物功能酶 21 个；获得有农用功效的海洋源化合物或蛋白 10 种；筛选海洋农用微生物 106 株，研发示范 4 种海洋农用微生物制品；建立海洋微生物资源库 1 个，发表《科学引文索引》（SCI）论文 35 篇，申请专利 22 项，成果转化 1 项。为厦门及全国的海洋生物医药、海洋生物制品企业或相关科研院所提供共享服务 2 962 株次。通过院校、企业的紧密协作，以企业运作模式进行平台的运行管理，为厦门及全国的海洋生物医药，海洋生物制品企业或相关科研院所提供共享服务年均 600 次，有效地推动了海洋资源的共享共用及研发水平。

第六章

“十三五”时期金融支持海洋经济发展情况

第一节　加强政策引导

1. 加强金融支持海洋经济发展政策引导

“十三五”时期，我国高度重视引导金融支持海洋经济发展。2017 年，《全国海洋经济发展“十三五”规划》发布，对海洋金融服务业发展、海洋经济相关的投融资体制改革及支持政策作出部署。2018 年，中国人民银行、国家海洋局等八部委联合发布《关于改进和加强海洋经济发展金融服务的指导意见》，明确了银行、证券、保险、多元化融资、投融资服务等领域支持海洋经济发展的重点和方向。

2. 完善政银合作机制

为引导银行业金融机构服务海洋经济发展，自然资源部与中国农业发展银行、中国进出口银行、中国工商银行等金融机构签署战略合作协议，并先后出台《关于农业政策性金融促进海洋经济发展的实施意见》《关于促进海洋经济高质量发展的实施意见》，推动融资融智，在海洋经济发展示范区建设等方面开展合作，促进海洋经济向质量效益型转变。沿海地方有关部门与银行业金融机构建立合作机制、加强财政资金支持，推动银行信贷支持海洋经济发展。2016 年以来，山东、上海、福建等地海洋主管部门与当地银行业金融机构签订战略合作协议，促进海洋产业发展。福建省、厦门市等探索以财政资金作为风险补偿专项资金，开展“现代海洋中小企业助保贷”“海洋助保贷”等服务，与银行合作为中小企业贷款增信纾困，取得积极成效。

第二节　持续优化银行信贷服务

1. 打造涉海金融服务专营机构

海洋产业具有专业性强、风险较大、投资回收期长等特征，需要专业、高效的金融机构给予资金支持。沿海地方涌现一批涉海金融服务专营机构，如交通银行成立了青岛分行航运金融中心，恒丰银行烟台海洋产业特色支行挂牌，中国邮政储蓄银行福州市连江县支行揭牌“福州市海洋专业支行”，三亚农村商业银行打造海洋支行等。

2. 优化海洋特色信贷产品和业务

银行业金融机构积极推动信贷资金投向海洋经济领域，开发海洋特色信贷产品，优化金融服务。如中国农业发展银行推出“海洋资源开发与保护贷款”，中国进出口银行持续推动船舶信贷融资，中国工商银行为企业量身打造“滩涂资源利用贷款”“渔船贷”等金融产品，兴业银行开展海域使用权抵押贷款、供应链融资等金融业务，中国民生银行组织银团贷款支持海洋基础设施建设，恒丰银行推出海洋牧场养殖平台贷款业务等。

第三节　拓宽多元化融资渠道

1. 促进投融资对接

2016—2020 年，自然资源部与深圳证券交易所连续 5 年联合举办海洋中小企业投融资、重大科技成果路演活动，并开展投融资培训活动，服务企业高效率、低成本投融资对接，促进海洋科技成果转化。2020年，自然资源部与深圳证券交易所签署《促进海洋经济高质量发展战略合作框架协议》，全面深化部所合作，共同发布了海洋经济主题股票价格指数——“国证蓝色100指数”。

2. 成立海洋产业基金

2016年以来，天津、山东、浙江、江苏、福建、广东等省（直辖市）均设立了海洋产业基金，大力培育海洋经济发展新动能。海洋产业基金大多由国有企业、政府引导基金发起，吸引社会资本投资，目标投资领域覆盖海洋交通运输、海洋渔业、海洋工程装备制造、海洋药物和生物制品、海洋新能源、海洋信息服务等领域。

3. 丰富海洋债务融资工具

沿海地方政府、企业、金融机构通过发行政府专项债券、蓝色债券、资产支持证券等多种债务融资工具，拓宽海洋产业融资渠道。如山东发行长岛生态专项债券，促进长岛海洋生态保护和可持续发展；有关企业发行“一带一路”公司债券，募集资金用于开展海上油气田钻井服务；浙江省海洋产业基金等研发推出海洋渔业资源资产收益权金融产品，为渔业企业提供资金支持。2020年，中国银行保险监督管理委员会发布《关于推动银行业和保险业高质量发展的指导意见》，提出探索蓝色债券等创新型绿色金融产品，中国银行、兴业银行等发行蓝色债券，为海水淡化与综合利用、海洋可再生能源、海洋环境保护等项目募集资金。

4. 优化发展海洋领域融资租赁

海洋领域融资租赁服务持续优化，“融资与融物”相结合为企业提供服务。如中国海洋石油集团总公司等中央企业共同组建专业公司，通过整合、租赁、处置等解决海工行业去库存、脱困发展问题；天津海关积极推动优化租赁资产交易监管流程等监管创新，服务融资租赁业发展，天津自由贸易试验区创新开展船舶租赁资产跨境交易业务；舟山成立浙江浙银金融租赁股份有限公司，重点服务海洋经济发展；广州航运交易平台通过线上挂牌服务跨境租赁特种船舶交易。

第四节 提升海洋保险保障力度

1. 加强海洋保险财政支持

政府部门通过加强政策引导、划拨专项资金、开展保费补助等举措，加大海洋保险支持力度。如中央财政持续补贴支持首台（套）重大技术装备保险，将大型海上风力发电机组、海水淡化成套装备、高技术船舶、海洋石油钻采装备等纳入支持范围；浙江发布《关于加强政策性渔业互助保险工作的意见》，完善保险运行机制；宁波划拨航运保险专项资金，补助因新冠肺炎疫情受损的航运企业；福建开展财政补贴，支持渔排财产保险扩面工作；广西对参加渔业互助保险的渔民和渔船进行补贴；海南将渔船保险、渔民海上人身意外伤害保险纳入财政补贴范围。

2. 创新发展海洋保险产品和服务

海洋保险产品和服务持续创新，为海洋产业发展提供了更完善的风险保障。海洋渔业保险产品创新成效显著，如大连市保险机构开展海参气象指数保险，太平财产保险有限公司在山东开展风力、气温、浪高等海水养殖天气指数保险以及海洋牧场“保险＋信贷”创新项目，阳光农业相互保险公司在广东开展水产养殖综合气象指数保险，江苏省渔业互助保险协会试点紫菜养殖保险，福建省渔业互保协会联合保险公司推行水产养殖台风指数保险、海水养殖赤潮指数保险、大黄鱼价格指数保险。航运保险服务能力提升，航运保险要素交易平台在广州市南沙区设立，为粤港澳大湾区航运保险产品提供登记、注册、交易等服务。上海航运保险协会发布上海航运保险指数，提升我国航运保险企业的风险管理和自主定价能力。海洋巨灾保险技术合作取得进展，国家海洋环境预报中心与中再巨灾风险管理股份有限公司签署战略合作协议，拓展海上风电、海上交通运输、海洋渔业等领域的抗巨灾风险合作。

专栏 1 海洋中小企业投融资路演系列活动

2016—2020 年，自然资源部与深圳证券交易所连续 5 年联合举办海洋中小企业投融资路演系列活动。据不完全统计，历年参加活动的企业成功对接融资金额约 15 亿元，融资项目涉及智能无人船平台、海洋测探装备等新技术发展，也涉及渔业信息化综合服务平台等新商业模式创新。

专栏 2 中国银行发行双币种蓝色债券

2020 年，中国银行在境外成功定价发行双币种蓝色债券，债券包括 3 年期 5 亿美元和 2 年期 30 亿元人民币两个品种，分别由中国银行巴黎分行和澳门分行发行，募集资金用于支持海洋相关污水处理项目及海上风电项目等，项目主要位于中国、英国及法国，债券吸引了大量国际投资者认购。

专栏 3 福建省创新开展海水养殖赤潮指数保险

2020 年，福建省渔业互保协会在福建省海洋与渔业局防灾减灾处、省水产技术推广总站、省海洋环境监测站、省海洋预报台等机构的指导帮助下，联合商业保险公司共同研发推出海水养殖赤潮指数保险产品，为福建省渔区渔民防范海水养殖赤潮风险提供服务。该险种采取指数化的理赔方式，无须现场查勘，渔民通过福建省海洋与渔业局官方网站发布的赤潮监测信息，根据赤潮面积和赤潮属性，即可快速获得保险赔款。

结　语

“十三五”时期，我国海洋经济保持平稳发展，重点领域取得显著成效，为推进建设海洋强国奠定了坚实基础。展望“十四五”，尽管依然面临诸多挑战，但我国海洋经济将迎来新发展机遇。从国际看，海洋在畅通内外连接、重构全球产业链与供应链中的地位更加突出，“一带一路”建设海上合作不断深化，蓝色经济成为新的全球经济增长点，科技创新正在成为引领全球海洋经济发展的第一动力，开发利用海洋的能力有望实现重大突破；从国内看，内需潜力不断释放，区域重大战略深入推进，陆海联动更加畅通高效，海洋经济发展空间有望持续拓展。

《中华人民共和国国民经济和社会发展第十四个五年规划和2035年远景目标纲要》中明确提出“坚持陆海统筹、人海和谐、合作共赢，协同推进海洋生态保护、海洋经济发展和海洋权益维护，加快建设海洋强国”。“十四五”时期，在党中央坚强领导下，我国海洋经济将持续健康发展，海洋科技支撑引领作用大幅提升，海洋资源环境保护不断加强，现代海洋产业体系基本建立，涉海空间布局持续优化，海洋开放合作水平明显提升，民生福祉切实增进改善。

附 表

表 1 2020 年国务院有关部门发布的促进海洋经济发展的相关政策规划

海洋产业	政策 / 规划	发布机构	发布时间
海洋渔业	《关于 2020 年伏季休渔期间特殊经济品种专项捕捞许可和捕捞辅助船配套服务安排的通告》	农业农村部	2020 年 4 月
	《关于开展全国海洋捕捞渔船和沿海渔港核查工作的通知》	农业农村部	2020 年 5 月
	《关于进一步加强海洋伏季休渔执法监管的通知》	农业农村部	2020 年 5 月
	《关于推进渔业互助保险系统体制改革有关工作的通知》	农业农村部、中国银行保险监督管理委员会	2020 年 5 月
	《渔业安全生产专项整治三年行动工作方案》	农业农村部	2020 年 5 月
	《关于加强公海鱿鱼资源养护促进我国远洋渔业可持续发展的通知》	农业农村部	2020 年 6 月
	《关于加强海参养殖用药监管的紧急通知》	农业农村部	2020 年 7 月
	《关于印发 < 海参池塘养殖生产管理指引 > 的通知》	农业农村部渔业渔政管理局	2020 年 8 月
海洋船舶工业	《关于深化改革推进船舶检验高质量发展的指导意见》	交通运输部	2020 年 9 月
	《国际运输船舶增值税退税管理办法》	国家税务总局	2020 年 12 月

续表

海洋产业	政策/规划	发布机构	发布时间
海洋电力业	《关于<关于促进非水可再生能源发电健康发展的若干意见>有关事项的补充通知》	财政部、国家发展改革委、国家能源局	2020年10月
	《关于2020年风电、光伏发电项目建设有关事项的通知》	国家能源局	2020年3月
海洋交通运输业	《关于大力推进海运业高质量发展的指导意见》	交通运输部、国家发展改革委、工业和信息化部、财政部、商务部、海关总署、国家税务总局	2020年1月
	《长江三角洲地区交通运输更高质量一体化发展规划》	国家发展改革委、交通运输部	2020年4月
	《清理规范海运口岸收费行动方案》	国家发展改革委、财政部、交通运输部、商务部、国务院国有资产监督管理委员会、海关总署、国家市场监督管理总局	2020年7月
	《关于推进海事服务粤港澳大湾区发展的意见》	交通运输部	2020年6月
	《关于推动交通运输领域新型基础设施建设的指导意见》	交通运输部	2020年8月
	《交通运输部关于修改〈港口经营管理规定〉的决定》	交通运输部	2020年12月
滨海旅游业	《关于深化“互联网+旅游”推动旅游业高质量发展的意见》	文化和旅游部、国家发展改革委、教育部、工业和信息化部、公安部、财政部、交通运输部、农业农村部、商务部、国家市场监督管理总局	2020年11月
	《关于海南自由贸易港交通工具及游艇“零关税”政策的通知》	财政部、海关总署、国家税务总局	2020年12月

表 2　2020 年沿海地区发布的促进海洋经济发展的相关法律法规与政策规划

地区	政策名称	发布机构	发布时间
辽宁	《关于调整海域无居民海岛使用金征收标准的通知》	辽宁省财政厅、辽宁省自然资源厅	2020 年 7 月
	《辽宁省海洋生态灾害预警监测应急处置与信息发布体系建设实施方案》	辽宁省自然资源厅	2020 年 9 月
	《大连市加快建设海洋中心城市的指导意见》	大连市发展改革委	2020 年 4 月
	《大连市海洋环境保护条例》	大连市人大常委会	2020 年 8 月
河北	《河北省文化和旅游产业恢复振兴指导意见》	河北省文化和旅游厅	2020 年 3 月
	《河北省海洋生态补偿管理办法》	河北省生态环境厅、河北省自然资源厅、河北省农业农村厅	2020 年 6 月
	《河北省智慧港口专项行动计划（2020—2022 年）》	河北省交通运输厅	2020 年 10 月
	《沧州市关于进一步支持市场主体发展的若干措施》	沧州市人民政府办公室	2020 年 10 月
	《唐山市海洋产业发展规划（2021—2025）》	中共唐山市委办公室、唐山市人民政府办公室	2020 年 12 月
	《唐山市海洋产业发展工作方案（2021—2022）》		
	《唐山市海洋产业发展支持政策》		
	《唐山市文化和旅游产业发展规划（2021—2025）》		
	《唐山市文化和旅游产业发展工作方案（2021—2022）》		
	《唐山市文化和旅游产业发展支持政策》		

续表

地区	政策名称	发布机构	发布时间
天津	《关于进一步推进来津靠港船舶使用岸电工作若干措施的通知》	天津市港航管理局	2020年3月
	《天津市推动天津港加快“公转铁”、“散改集”和海铁联运发展政策措施》	天津市人民政府办公厅	2020年5月
	《天津港保税区支持海洋产业发展的若干政策》	天津港保税区管理委员会	2020年5月
	《天津市海洋装备产业发展五年行动计划（2020—2024年）》	天津市人民政府	2020年8月
山东	《关于加快发展海水淡化与综合利用产业的意见》	山东省人民政府办公厅	2020年8月
	《山东省贯彻〈交通强国建设纲要〉的实施意见》	中共山东省委、山东省人民政府	2020年10月
	《山东省新基建三年行动方案（2020—2022年）》	山东省人民政府	2020年11月
	《山东省海洋环境质量生态补偿办法》	山东省财政厅、山东省生态环境厅、山东省自然资源厅、山东省海洋局	2020年12月
	《青岛市推进海洋牧场与休闲旅游融合发展实施方案》	青岛市人民政府	2020年11月
	《烟台市养殖水域滩涂规划（2018—2030年）》	烟台市人民政府	2020年5月
	《关于加快推进水产养殖业绿色发展的若干意见》	威海市人民政府办公室	2020年6月
	《关于支持日照市海洋新兴产业发展的意见》	中共日照市委、日照市人民政府	2020年4月

续表

地区	政策名称	发布机构	发布时间
江苏	《交通强国江苏方案》	中共江苏省委、江苏省人民政府	2020年4月
	《〈长江三角洲区域一体化发展规划纲要〉江苏实施方案》	江苏省人民政府	2020年4月
	《关于加快推进渔业高质量发展的意见》	江苏省人民政府	2020年5月
	《江苏省"产业强链"三年行动计划（2021—2023年）》	江苏省人民政府办公厅	2020年12月
	《关于促进旅游高质量发展若干激励措施的通知》	连云港市人民政府办公室	2020年9月
	《连云港市旅游促进条例》	连云港市人大常委会	2020年10月
	《关于加快渔港建设促进海洋渔业高质量发展的意见》	盐城市人民政府	2020年8月
	《南通市打造风电产业之都三年行动方案（2020—2022年）》	南通市人民政府	2020年5月
上海	《上海市推进新型基础设施建设行动方案（2020—2022年）》	上海市人民政府	2020年4月
	《关于加快特色产业园区建设　促进产业投资的若干政策措施》	上海市人民政府办公厅	2020年5月
	《上海市可再生能源和新能源发展专项资金扶持办法（2020版）》	上海市发展改革委	2020年6月
	《上海市绿色发展行动指南（2020版）公告》	上海市发展改革委	2020年12月
	《上海市港口和船舶岸电管理办法实施细则》	上海市交通委员会	2020年4月

续表

地区	政策名称	发布机构	发布时间
浙江	《浙江省生态海岸带建设方案》	浙江省人民政府办公厅	2020年6月
	《关于加强海域使用金、无居民海岛使用金征收管理意见的通知》	浙江省人民政府办公厅	2020年7月
	《浙江省数字经济促进条例》	浙江省人民政府	2020年12月
	《关于促进和规范游艇经济健康发展的指导意见》	舟山市人民政府办公室	2020年8月
	《新时期舟山远洋渔业高质量发展五年行动计划（2020—2024年）》	舟山市人民政府办公室	2020年9月
福建	《福建省实施渔港建设三年行动计划（2020—2022年）》	福建省海洋与渔业局	2020年4月
	《福建省新型基础设施建设三年行动计划》	福建省人民政府办公厅	2020年8月
	《进一步加强海漂垃圾综合治理行动方案》	福建省人民政府办公厅	2020年12月
	《福建省海岸带保护修复工程工作方案》	福建省自然资源厅、福建省水利厅、福建省发展改革委、福建省财政厅、福建省林业局、福建省海洋与渔业局	2020年12月
	《关于加快推进水路运输业务发展的实施办法》	厦门港口管理局、厦门市财政局	2020年3月
	《厦门市做强做大生物医药产业三年行动计划（2020—2022）》	厦门市人民政府办公厅	2020年6月
	《关于进一步加快现代都市渔业升级的若干措施》	厦门市海洋发展局、厦门市财政局	2020年7月
	《关于促进海洋经济高质量发展的若干措施》	厦门市人民政府	2020年11月
	《关于支持福州海上风电装备产业加快发展若干措施的通知》	福州市人民政府办公厅	2020年9月

续表

地区	政策名称	发布机构	发布时间
广东	《关于促进生物医药创新发展的若干政策措施的通知》	广东省科学技术厅、广东省发展改革委、广东省工业和信息化厅、广东省财政厅、广东省卫生健康委员会、广东省医疗保障局、广东省地方金融监督管理局、广东省中医药局、广东省药品监督管理局	2020年4月
	《关于培育发展战略性支柱产业集群和战略性新兴产业集群的意见》	广东省人民政府	2020年5月
	《广东省培育新能源战略性新兴产业集群行动计划（2021—2025年）》	广东省发展改革委、广东省能源局、广东省科学技术厅、广东省工业和信息化厅、广东省自然资源厅、广东省生态环境厅	2020年9月
	《广东省建设国家数字经济创新发展试验区工作方案》	广东省人民政府	2020年11月
	《广东省推进新型基础设施建设三年实施方案（2020—2022年）》	广东省人民政府办公厅	2020年11月
	《珠海市推动生物医药产业高质量发展行动方案（2020—2025年）》	珠海市人民政府办公室	2020年8月
广西	《中国（广西）自由贸易试验区建设实施方案》	广西壮族自治区人民政府	2020年2月
	《加快建设面向东盟的金融开放门户若干措施》	广西壮族自治区人民政府	2020年6月
	《关于加快提振文化和旅游消费的若干措施》	广西壮族自治区人民政府办公厅	2020年6月
	《关于促进中国（广西）自由贸易试验区跨境贸易便利化若干政策措施》	广西壮族自治区人民政府办公厅	2020年7月